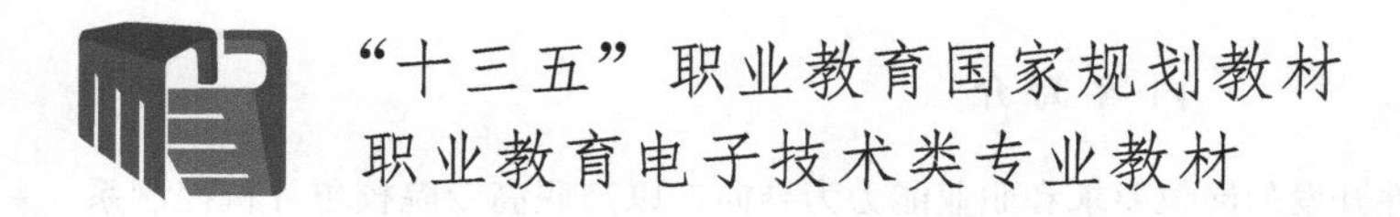

"十三五"职业教育国家规划教材

职业教育电子技术类专业教材

单片机控制电子产品项目开发

主　编　牛俊英　宋玉宏

副主编　陈瑾彬　李景照

電子工業出版社

Publishing House of Electronics Industry

北京・BEIJING

内容简介

本书以智能电子产品控制器软件开发的岗位要求和职业能力为导向，以高职高专院校单片机控制系统开发课程的教学要求为依据，进行教学内容的编写。

全文共分为两个部分：模块一和模块二。模块一为单片机控制电子产品开发基础，包括6个任务；模块二为单片机控制电子产品开发实战，包括智能闹钟程序、电风扇控制器程序、智能小车程序的开发与测试3个任务及其子任务。

本书可作为高职高专院校机电一体化、电气自动化、电子信息工程技术、应用电子技术等专业教材，也可作为应用型本科相关专业的教材，还可以作为企业电控器软件开发岗位的培训资料。

图书在版编目（CIP）数据

单片机控制电子产品项目开发/牛俊英，宋玉宏主编. —北京：电子工业出版社，2017.1
ISBN 978-7-121-30767-6

Ⅰ.①单… Ⅱ.①牛… ②宋… Ⅲ.①单片微型计算机－计算机控制－电子产品－项目开发－高等职业教育－教材 Ⅳ.①TN01

中国版本图书馆CIP数据核字（2016）第322444号

责任编辑：朱怀永
印　　刷：涿州市般润文化传播有限公司
装　　订：涿州市般润文化传播有限公司
出版发行：电子工业出版社
北京市海淀区万寿路173信箱　邮编　100036
开　　本：787×1092　1/16　印张：10　字数：256千字
版　　次：2017年1月第1版
印　　次：2025年2月第11次印刷
定　　价：32.00元

凡所购买电子工业出版社图书有缺损问题，请向购买书店调换，若书店售缺，请与本社发行部联系，联系及邮购电话：（010）88254888。

质量投诉请发邮件至zlts@phei.com.cn，盗版侵权举报请发邮件至dbqq@phei.com.cn。

服务热线：（010）88258888。

前　言

本教材针对一门省级资源精品共享课，邀请企业开发部部长共同编写。依据电子产品控制器开发与设计岗位的职业要求，根据工程师在实际工作中对单片机应用的要求，以典型智能电子产品及白色家电为载体，以电控器开发任务中单片机的使用为中心，设计学习性的常见处理任务，精选教材内容。在教材编写过程中，贯彻了以下原则：

1. 以典型的智能电子产品为载体，依照由浅入深、能力逐步提升的原则组织，涉及了产品软件开发的全过程，层次递进地完成了从基础职业能力的培养到创新与可持续发展能力的提升。

2. 注重实际工作任务的设计，按功能说明书的编制、程序设计、程序开发、功能测试等步骤编写教材，贴近企业真实情况。

3. 重视职业能力的培养和提升，以完成完整的商业级程序为目标，除了基本的单片机及编程知识，教材更注重介绍真实产品程序设计的思路和方法，落脚于提升学生的职业能力。

本书由牛俊英负责编制提纲和统稿工作，并编写模块一的前 4 个任务和模块二的任务 2，宋玉宏编写模块二的任务 1，陈瑾彬开发了模块一的学习板并编写了导言和模块一的后两个任务，李景照编写模块二的任务 3，杨德青负责了模块二涉及的控制器的硬件设计及制作。同时陈瑾彬对全文提出修改意见。

本书教学参考学时为 80 学时，模块一建议学时为 40 学时，模块二的任务 1 和任务 2 各为 20 学时，模块二的任务 3 建议在课外开展。教学过程中建议采用理论教学一体化教学法，实施过程性考核。

由于编者水平有限，加之时间仓促，本书难免会有疏漏和不妥之处，恳请广大读者批评指正。

编　者

2016 年 10 月

目　　录

导 论

电子信息产业的人才需求

0.1 电子企业的企业架构

典型的电子企业是一个执行各种工作组合的企业[1]，包括商品或服务的开发、制造和销售。有些大型公司执行所有这些功能，也存在只执行其中几个功能的公司。但是一个公司至少必须具备销售产品或服务功能。如图 0-1 所示为典型的电子企业的企业架构。

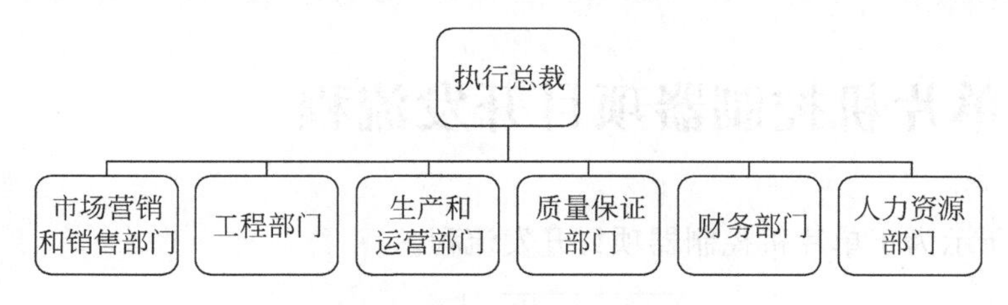

图 0-1 电子企业的企业架构

(1) 执行总裁

执行总裁（CEO）或者公司总裁负责公司的运营和财务状况。公司生产的产品类型决定了 CEO 的背景，一般而言，CEO 来自市场营销和销售部门或者财务部门，如果公司生产高新技术产品，那么从事工程技术的人更有机会成为 CEO。

(2) 市场营销和销售部门

市场营销部门从战略上对公司进行指导，决定了一个公司所销售的产品或提供的服务，决定产品的推销方式和为此投入的金额（即杂志、收音机、电视、户外、网络广告、内部预映等推广活动)。另外还决定如何销售产品（代理商、经销商、上门推销、直接邮寄和 Internet 销售等方式)。

销售部门必须考虑如何提高销售量，把客户的意见和投诉收集起来并传递给上层管理部门。销售经理必须通过走访客户、用户问卷调查、市场调研等方法来收集信息，并把它传递给公司总裁和其他运营部门。同时销售部门负责传递客户期望和市场条件与变化。

(3) 工程部门

工程部门管理新产品的所有研究和设计工作（R&D)，为现有产品的生产、使用、维修提供技术支持，以及编写对产品进行详细说明的文档。

(4) 生产和运营部门

生产和运营部门是公司的核心，它的主要职能包括材料控制、生产控制、生产和工厂管理。相比其他部门，生产和运营部门与公司其他部门的来往更密切。除了一般的技术管理外，生产和运营经理还必须具有良好的组织和适应能力。

(5) 质量保证部门

质量保证部门的核心职责包括质量工程和质量控制。质量工程的主要职能是进行产品的程序开发和设备认证校准，质量控制负责进货检验、出厂检验及质量审计。

(6) 财务部门

财务部门是公司的另一个监督员，专门关注公司资金和资本的利用。财务部门的主要目的是控制、分发和报告公司的资金及财务状况。

(7) 人力资源部门

人力资源（Human Resources，HR）部门承担一些比较困难的公司职责：涉及“人”的职责。人力资源经理（也称为人事经理）负责找到合格的人员、确定合理且有竞争力的薪资、改善人事绩效、编制和维护公司政策来提高公司的士气。每个公司必须有一套全面的法规，HR 部门必须以公司政策手册的形式制定和维护这些法规。它包括公司对下列问题的规定，诸如休息时间、病假和丧亲假、休假、工作公告等。

0.2 单片机控制器项目开发流程

如图 0-2 所示为于单片机控制器项目开发流程。

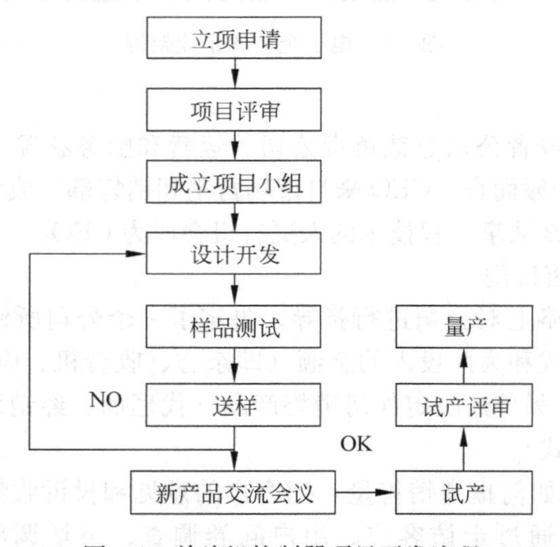

图 0-2 单片机控制器项目开发流程

(1) 立项申请和项目评审

营销部在接到客户的开发业务需求时，营销部首先初步评估与客户合作及项目开发的可行性，当开发的资料及要求齐备并且营销部门初步自行评估可行后，由营销部申请立项，并对项目的开发要求作说明，同时对项目的可行性进行评审。然后由工程部对项目的方案、可行性、开发费用、开发周期进行评估，需要时配合营销部提供初步成本清单，由财务部对项目的开发费用、产品成本、售价、客户信用风险等进行审核。

（2）成立项目小组和设计开发

项目审批后，确定项目小组成员，由项目负责人负责相关开发工作，进一步落实项目成员的分工，确保开发进度按要求进行，对整个项目的成员分配、开发过程进行详细记录。项目完成后，对该项目的开发进度及开发质量进行总结。

（3）样品测试

样品制作好后，项目小组内部做初步检测试验后，交试验室进行检验。

（4）送样

经试验室功能测试通过后，同时项目小组对产品的性能初步测试后，项目小组对样品工艺及性能通过内部评估，由项目负责人检查过样品后方可送客户确认。送样不通过则重新设计开发，修正后经测试合格后重新送样，直至客户满意。

（5）新产品交流会议

接到客户小批订单后，产品进入试产阶段，项目负责人负责组织新产品交流会议，使相关部门了解新产品的整体概况及新工艺、新设备、新材料状况，重点介绍工艺要求及注意事项，使新产品设计顺利导入生产，使各部门根据新产品的各项需求展开工作，并听取各部门对新产品各方面的改进意见。

（6）试产

进入试产阶段，项目负责人应编写相关的技术文件，如材料明细表、检验要求、工艺要求、器件的图纸以及其他必需的技术文件。项目负责人还应负责对生产部门制作检测设备提供技术支持。

（7）试产评审

试产结束后，由工程部组织各相关部门对新产品进行试产评审，各部门将新产品试产过程中发现的问题，以《试产评审报告》的形式反馈至工程部，由项目小组改进。

为确保产品的功能和性能在量产前均达到设计要求，保证产品的质量。故要在量产前对产品进行功能检验和型式试验。功能检验指设计软件的产品，根据功能说明书及控制器功能检验要求进行检验，使产品的功能与说明书一致。型式试验根据型式检验要求进行检验，使产品的性能符合型式检验要求中的各项指标。

（8）量产

当产品经过功能检验和型式试验，取得合格报告，经工程部长批准后，方可进行批量生产。由工程部组织各相关部门对控制器新产品试产后做试产评审。进入量产阶段，项目负责人重点为组织处理生产中出现的质量、工艺、技术问题。

0.3 项目软件开发典型工作任务与职业能力分析

该教材的编写主要围绕项目开发过程中软件开发阶段的能力要求，面向家电控制器软件开发工程师、软件开发辅助工程师、功能测试人员岗位，重点培养家电产品研发人员、家电产品开发阶段测试人员的必备技能。主要涉及的工作：项目管理与系统设计、产品软件设计、产品测试，表 0-1 所列为典型工作任务及职业能力。

表 0-1　典型工作任务与职业能力分析表

工作项目	典型工作任务	职 业 能 力
项目管理与系统设计	客户交流	• 能与新客户进行项目评价和审定 • 能与老客户进行项目评价和审定 • 会估算立项成功率 • 能进行 PPT 制作和展示
	成立项目小组	• 具有管理、组织协调能力 • 制订工作实施计划
	项目的取消或停止	• 会进行总结 • 会善后处理
	产品的功能、性能分析	• 根据客户和开发要求，明确产品的使用要点，能理解现成使用说明书，或者会撰写使用说明书 • 根据客户和开发要求，明确产品的功能，能理解现成功能说明书，或者会撰写功能说明书
	同类产品的参考与创新	• 掌握常用模块的功能 • 了解重要器件的性能和使用 • 会分析典型产品的电路构成及原理 • 能设计简单电控器 • 会拆装典型家电产品
	设计方案的制定	• 能选用模块实现整体功能并进行可行性分析 • 能根据成本要求和性能要求选用合适的单片机和编程软件 • 能选用合适的外围器件 • 能编制方案
产品软件设计	软件设计	• 会使用 C 语言编写各个模块应实现的功能 • 能采取软件抗干扰措施 • 熟练操作所要应用的仿真器、编程器等工具及软件编译环境 • 能理解控制逻辑，绘制流程图
	电路功能性能调试	• 掌握软件调试的常用手段和技巧：设置断点、设置标记、借助蜂鸣、借助 LED 等 • 能熟练使用开发软件模拟运行并进行调试 • 能使用示波器等测试仪器对运行情况进行跟踪观察 • 能分模块结合硬件和软件进行调试
产品开发阶段的测试	样品测试	• 能理解功能说明书的内容及检测要求 • 能根据功能说明书进行功能检测
	测试结果整理与分析	• 能根据功能检测的现象进行初步的分析和判断 • 能根据功能检测的结果与设计人员进行沟通

0.4　教材内容安排

教材内容总体分为两大模块。模块一为单片机控制电子产品开发基础，侧重于单片机 C 语言语法基础的学习；模块二为电子产品开发实战，完成三个任务的开发，分别是智能闹钟项目（侧重于学习单片机程序结构及外围模块的程序开发）、风扇控制器开发项目（侧重于驱动控制、完整项目的开发）、智能小车开发项目（侧重于创新能力的提升）。教材整体按照图 0-3 所示组织学习内容，通过项目实践培养表 0-1 所要求的职业能力。

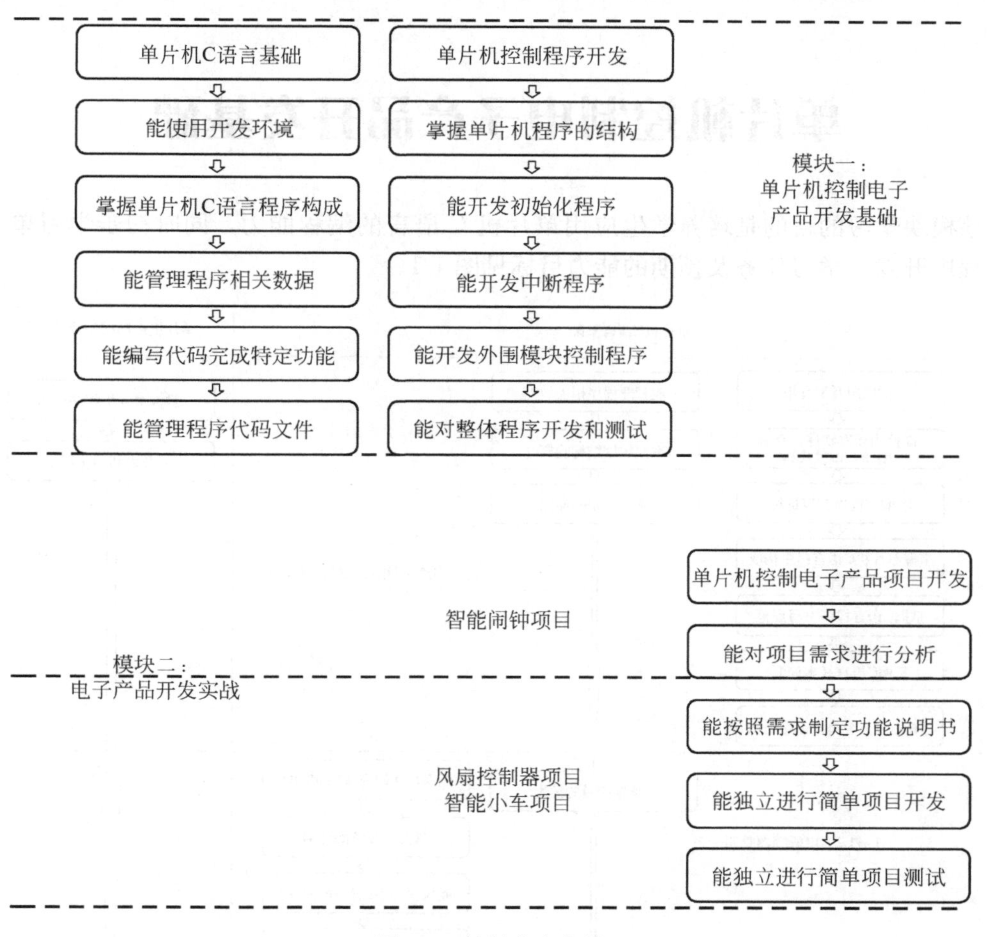

图 0-3　教材内容安排

认识嵌入式系统

模块一

单片机控制电子产品开发基础

该模块学习的目的是培养学生应用单片机 C 语言的编程能力，同时初步学习单片机控制程序开发，学习任务及预期的能力目标见图 1-1。

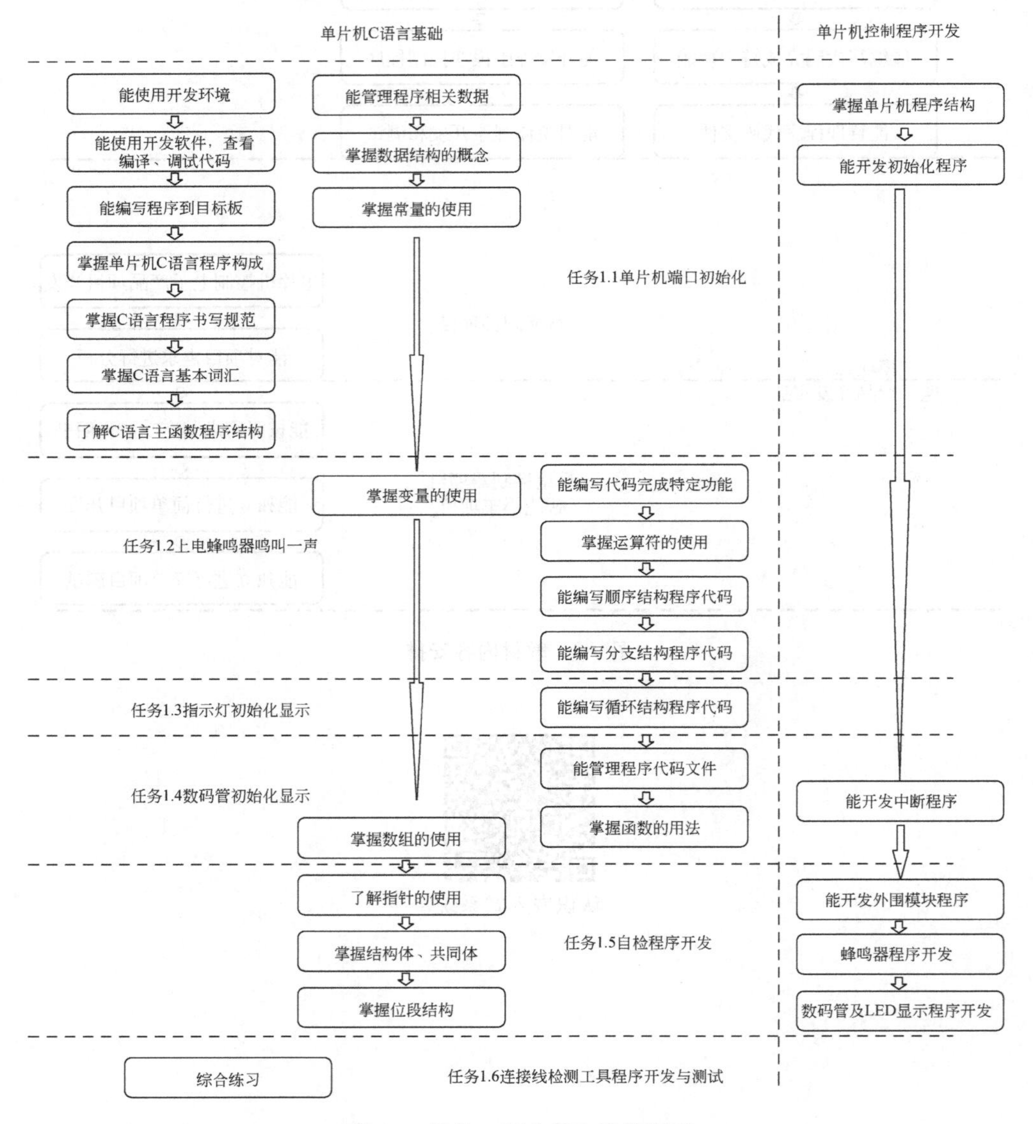

图 1-1　模块一职业能力培养概要

任务 1.1　单片机端口初始化

任务目标

任务要求： 新建一个单片机控制程序工程，编写单片机端口初始化的程序，点亮 LED1。完成该任务，需要具备如图 1-2 所示的职业能力。

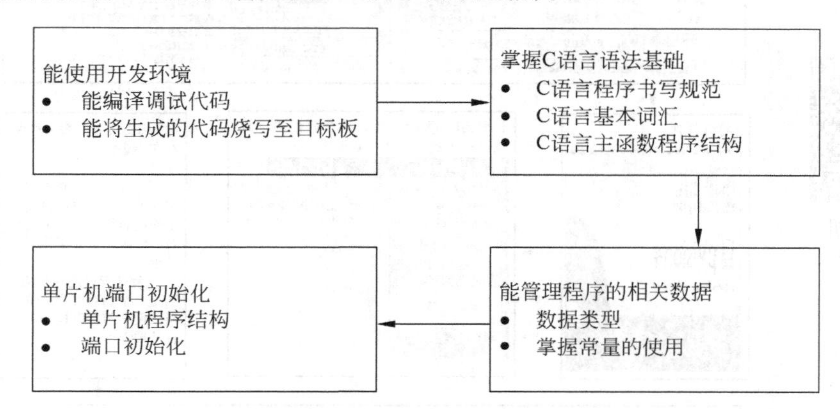

图 1-2　完成任务所需的能力及学习顺序

知识链接

认识嵌入式芯片

1.1.1　单片机及开发平台介绍

单片机全称为单片微型计算机，是一种将中央处理器（CPU）、存储器（RAM、ROM）、I/O 接口电路、定时/计数器、串行通信接口及中断系统等部件集成在一个半导体芯片中构成的一个完整微型计算机系统[2]。单片机由硬件系统和软件系统共同构成。硬件系统是运算器、控制器、存储器、I/O 设备。而软件系统是完成各种功能的计算机程序的综合，内部程序包括监控程序和用户开发的应用程序。

单片机生产商不同，所生产的芯片也不相同，为了适应不同的应用需求，每个生产商也会生产不同系列的产品，用户一般会选择可满足开发需要的最低成本的产品。开发程序时，需要在特定的开发环境下编写代码，编译成功后，产生机器码，通过烧写器（编程器）烧写到芯片，如果采用仿真器控制目标板，还能设置断点，进行程序调试。KEIL μVISION4 是一款单片机应用开发软件，支持众多不同公司的 MCS51 架构的芯片，它集编辑、编译、仿真等功能于一体，同时还支持 PLM、汇编和 C 语言的程序设计。本模块使用 STC15W404s 作为控制芯片，下文将以该芯片的控制程序为例，讲述如何新建工程、编译代码、仿真程序及烧写芯片。

（1）新建工程及代码编译

为了完成控制程序的开发，不仅需要正确书写程序代码，还需要对编译环境、机器码输出数据等配置进行说明，因此控制程序及相关配置工作通过工程来进行管理。本书介绍的电子产品开发项目程序的开发环境选用 Keil 软件，烧写程序选用 stc-isp-15xx-v6.85H。按照图 1-3 所示新建基于 STC15W404s 的工程。

新建单片机程序工程

图 1-3 新建工程步骤

（2）程序仿真调试

程序编译成功后，可以通过仿真调试检查程序有无逻辑错误。如图 1-4 所示，按下调试（Debug）按钮，进入调试功能，在如图 1-5 所示的界面，按下不同的按钮可以执行不同的调试功能。打开相应的窗口观察程序执行的结果，还可以在代码处通过鼠标右键单击选择添加或删除断点（Insert/Remove Bookmark），从而控制程序调试的进程。

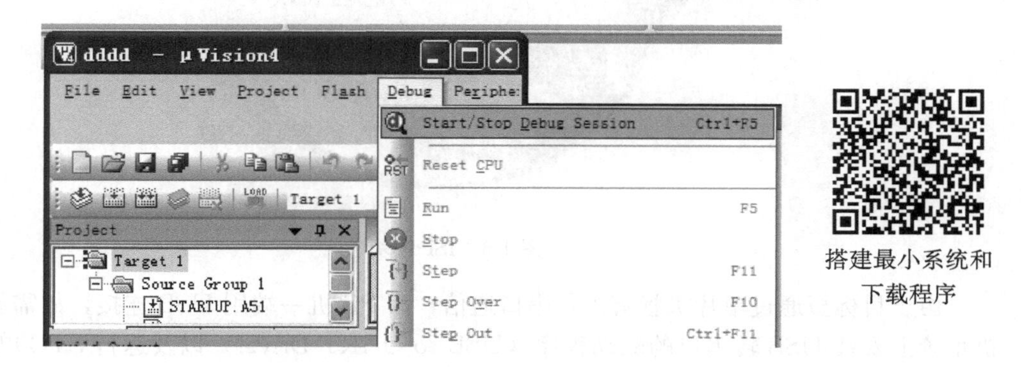

图 1-4　程序的调试

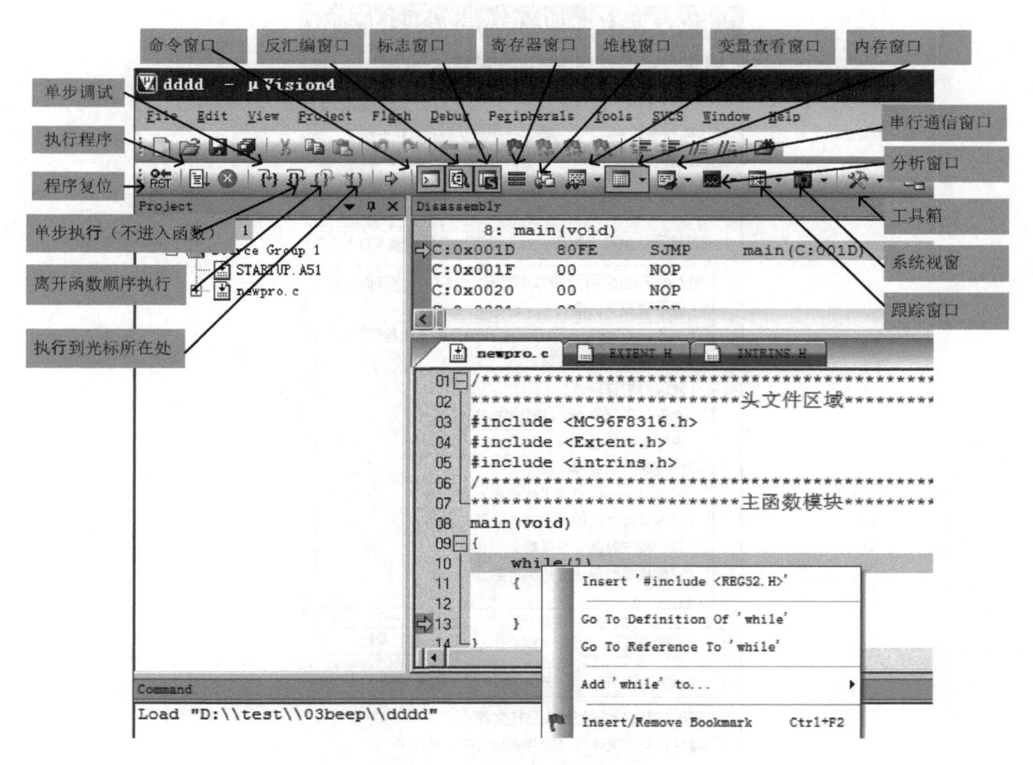

图 1-5　程序仿真调试窗口

（3）芯片的烧写

当调试结束，可以使用 STC-ISP 软件，使用 ISP 下载工具烧写程序。ISP（in-system programming），在线系统编程，是一种无须将存储芯片（如 EPROM）从嵌入式设备上取出就能对其进行编程的工具，缩略为 ISP。如图 1-6 所示为 ISP 模块，ISP 模块一端连接目标板，另一端连接 PC 机。该模块一端采用了广泛使用的通用接口 USB，便于与 PC 机相连接，另一端是四个插针构成的 ISP 连接线端口，直接接到单片机系统的目标板上。

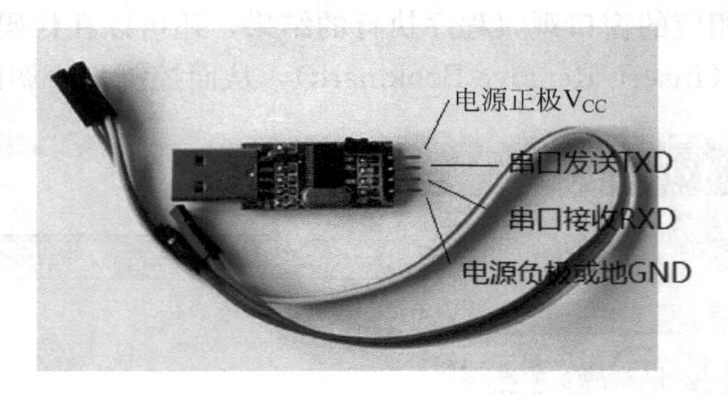

图 1-6　ISP 模块

由于目标板通过单片机管脚进行串口通信，而 PC 机一端用 USB 连接，故需要在 PC 机系统上安装 USB 转串口的驱动程序（USB to UART Driver）以及运行 STC 单片机的程序下载软件（stc-isp-15xx-v6.84），按照图 1-7 所示完成烧写设置。

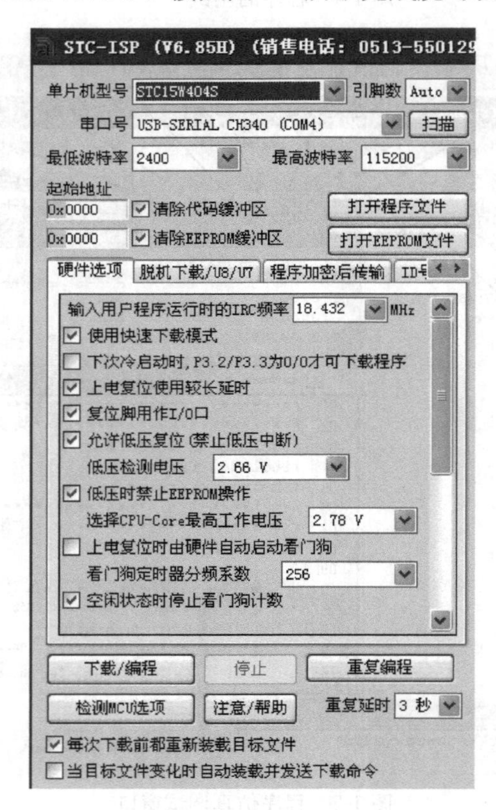

图 1-7　程序烧写设置

实操练习 1： 打开 Keil 软件中例程的蜂鸣程序（beep 文件夹内容），调试程序，观察各窗口，烧写至芯片，运行程序，观察结果。

1.1.2　单片机C语言简单介绍

嵌入式C语言基础

1. 书写程序时应遵循的规则

C语言属于高级编程语言，在书写程序时有以下应当遵循的规则：

• 一个C语言源程序可以由一个或多个源文件组成。

• 一个源程序不论由多少个文件组成，都有且仅有一个main函数，即主函数，执行的程序体即为主函数的程序体。

• 每一个说明，每一个语句都必须以分号结尾，但预处理命令、函数头和花括号“}”之后不能加分号。

• 一个说明或一个语句占一行。

• 用“{}”括起来的部分，通常表示程序的某一层次结构，并单独占一行。

• 低一层次的语句或说明可比高一层次的语句或说明缩进若干格后书写，以便看起来更加清晰，增加程序的可读性。

以下代码为应用上述规则书写的C语言程序实例，在编程时应力求遵循这些规则，以养成良好的编程风格。

```
/***************************** 头文件区域 *****************************/
#include <STC15.H>
#include <intrins.h>
/**************************** 主函数模块 ****************************/
main(void)
{
    Mcu_Init();                          //单片机初始化
    while(1)                             //死循环
    {
        Fun1();
        Fun2();
        ......
    }
}
```

2. C语言词汇

在C语言中使用的词汇分为五类：标识符、关键字、运算符、分隔符、注释符等。

标识符：在程序中使用的变量名、函数名、标号等统称为标识符。C语言规定，标识符只能是字母（A～Z，a～z）、数字（0～9）、下画线（_）组成的字符串，并且第一个字符必须是字母或下画线。

以下标识符是合法的：

a，x，Beep_Cnt，Cnt2ms。

以下标识符是非法的：

3s　　以数字开头；

s＊T　　出现非法字符＊；

－3x　　以减号开头；

bowy-1　出现非法字符-（减号）。

在使用标识符时还必须注意以下几点：

① 标准C语言不限制标识符的长度，但它受各种版本的C语言编译系统限制，同时也受到具体机器的限制。例如在某版本C语言中规定标识符前八位有效，当两个标识符前八位相同时，则被认为是同一个标识符。

② 在标识符中，大小写是有区别的。例如Beep _ Cnt和beep _ cnt是两个不同的标识符。

③ 标识符虽然可由程序员随意定义，但标识符是用于标识某个量的符号。因此，命名应尽量有相应的意义，便于阅读理解，同时不同类型的标识符应当有不同的命名规则，如变量名采用首字母大写、常数名采用全小写等，这样可以提高程序的可读性。

关键字：关键字是由C语言规定的具有特定意义的字符串，通常也称为保留字。用户定义的标识符不应与关键字相同。C语言的关键字分为以下几类。

① 类型说明符：用于定义、说明变量、函数或其他数据结构的类型。如int，double等。

② 语句定义符：用于表示一个语句的功能。

③ 预处理命令字：用于表示一个预处理命令。如前面例中用到的include。

运算符：用于执行程序代码运算，会针对一个以上的操作数进行运算，如“2＋3”，“2”、“3”是操作数，“＋”是操作符。C语言中含有相当丰富的运算符。运算符、变量与函数一起组成表达式，表示各种运算功能。运算符由一个或多个字符组成。

分隔符：在C语言中采用的分隔符有逗号和空格两种。逗号主要用在类型说明和函数参数表中，分隔各个变量。空格多用于语句各单词之间，做为间隔符。在关键字、标识符之间必须要有一个以上的空格符做间隔，否则将会出现语法错误。例如把“int Beep _ Cnt;”写成“int Beep _ Cnt;”，C语言编译器会把“intBeep _ Cnt”当成一个标识符处理，其结果必然出错。

注释符：C语言的注释符是以“/＊”开头并以“＊/”结尾的串，以及使用“//”注释。在“/＊”和“＊/”之间的内容即为注释，该注释符可以注释一个段落。“//”只能注释后面的一行语句。程序编译时，不对注释做任何处理。注释可出现在程序中的任何位置，注释用来向用户提示或解释程序的意义。在调试程序中对暂不使用的语句也可用注释符括起来，使编译跳过不做处理，待调试结束后再去掉注释符。

语句的结束：C语言一个可执行的语句用“;”来结束。

3. C语言程序结构

程序的前两行：

```
#include < STC15.H>
#include < intrins.h>
```

上文是一个“文件包含”处理。所谓“文件包含”是指一个文件将另外一个文件的内容全部包含进来，所以这里的程序虽然只有 1 行，但 C 编译器在处理的时候却要处理几十或几百行。程序中包含 STC15. H 文件的目的是使用已定义好的寄存器，而不必直接对寄存器地址操作，该文件是前面操作的 STC-ISP 软件自动生成并添加至 Keil 软件的。intrins. h 是系统自带的头文件，是为了定义内部函数 C51。

main 称为“主函数”。单片机的 main 函数一般包含两部分，第一部分是 while (1) 之前的代码，该代码为初始化代码，一般程序开始运行只执行一次。第二部分是 while (1) 之后 {} 内的代码，该代码是一个反复执行的死循环代码，又称为主循环。

每一个 C 语言程序有且只有一个主函数，函数后面一定有一对大括号“{}”，在大括号里面书写其他程序。

```
main(void)
{
   Mcu_Init();               //单片机初始化
   while(1)                  //死循环
    {
       Fun1();
       Fun2();
       ……
    }
}
```

在不考虑中断的情况下，整个单片机的最根本任务是 while (1) 的死循环，称为“主循环”，main 函数及其调用的所有子函数都在一个“主进程”里。而 Fun1、Fun2……为各个任务模块的驱动函数，每个函数完成一个单一的功能，然后顺序执行就可以完成所有功能。一般主循环调用任务的执行顺序是固定的，由主循环调用的任务都只能单独地运行，进入一个任务，就不能处理其他任务。因此为了防止由于某个任务的执行阻塞其他任务的执行，单片机程序开发必须考虑外设工作的特点和功能程序执行的条件、时间等因素。

1.1.3　数据类型

1. 标准 C 的数据类型

数据类型是数据的一种分类，其意义在于存储所需内存大小的数据，是按被定义变量的性质、表示形式、占据存储空间的多少、构造特点来划分的。在 C 语言中，数据类型可分为：基本数据类型、构造数据类型、指针类型、空类型四大类。图 1-8 为基本数据类型的分类。

2. 单片机 C 的数据类型

应用在单片机及单片机系统中的常用的数据类型为整型，见表 1-1。这是因为单片机

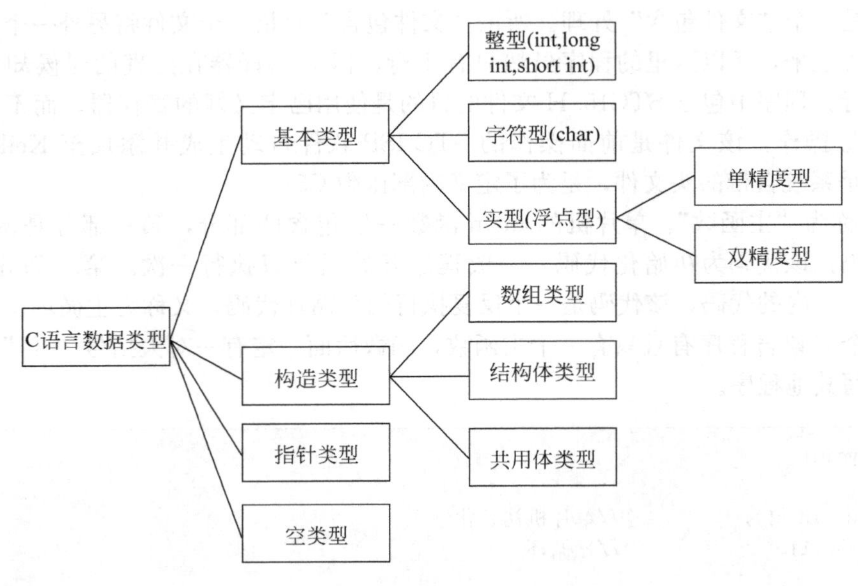

图 1-8　基本数据类型

系统的内存资源有限、运算指令不丰富、复杂指令的运算时间很长，难以处理占较大空间的单个数据。

表 1-1　单片机 C 常用数据类型

数据类型	大小	无符号（unsigned）数据范围	有符号（signed）数据范围
char 字符型	8bits	0 ～ 255	－128～127
short int（可写为 short）短整型	16bits	0～65535	－32768 ～ 32767
int 整型	16bits	0 ～ 65535	－32768 ～ 32767
long int（可写为 long）长整型	32bits	0 ～ 4294967295	－2147483648 ～ 2147483647

以 13 为例，在内存中可以以不同的数据类型按照如下方式存储：

char 型：

00	00	11	01

int 型：

00	00	00	00	00	00	11	01

short int 型：

00	00	00	00	00	00	11	01

long int 型：

00	00	00	00	00	00	00	00	00	00	00	00	00	00	11	01

1.1.4　常量

在单片机 C 语言中，处理的数据按照进制来分，有十进制和十六进制数，默认的数字表示方式为十进制，若表示十六进制数，可在表示数据前加 0x，如数字 255 可以表示为 255、0xFF 或 0xff。

按照处理数据的方式可以分为常量和变量两种形式。

在程序运行过程中，其值不能被改变的量是常量。常量有两种表现形式：直接常量和符号常量。

(1) 直接常量（字面常量）：如 12、0、0xCE 等。

(2) 符号常量：用一个标识符代替一个常量。符号常量常借助于预处理命令 #define 来实现。

定义形式： #define　标识符字符串

如：#define　PI　3

说明：

① 定义符号常量时，不能以“；”结束；

② 一个 #define 占一行，且要从第一列开始书写；

③ 一个源程序文件中可含有若干个 define 命令，不同的 define 命令中指定的“标识符”不能相同；

```
#define tscr_init  0x40
#define tmodh_init 0
#define tmodl_init 250
```

④ #define 语句一般写在文件前部 main 函数之前。

也有通过 const 关键字来定义的符号常量。

定义形式：数据类型 const 标识符＝数字

如：unsigned char const PI＝3

用 define 定义的常量不占任何存储空间，在编译时直接用对应的数据代替其常量名称参与运算，用 const 申明的常量则会占去单片机 ROM 区的内存，占去的空间大小为其定义数据类型所占空间的大小，如以上定义的 PI 常量占 1 个字节的空间。

1.1.5　单片机初始化简介

单片机初始化的作用是配置单片机的工作环境，设置系统的初始工作状态，其工作有：

- 单片机相关配置寄存器设置；
- I/O 端口初始设置；
- 定时器设置；
- 中断向量处理；
- 变量初始化（清零，初始赋值）。

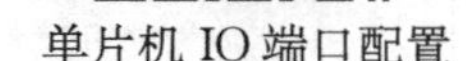

单片机 IO 端口配置

为了使得芯片能正常工作首先要进行环境配置，本任务所用芯片要完成看门狗初始化和端口初始化。

(1) 看门狗初始化

```
WDT_CONTR = 0x35;        //看门狗初始化
WDT_CONTR |= 0x10;       //清看门狗定时器
```

看门狗的设置请参考芯片资料，通过以上语句清看门狗定时器。

(2) 端口初始化

如附录 A 所示，STC15W404S 有 6 组 I/O 口（P0～P5）。该系列单片机所有 I/O 口均可由软件配置成 4 种工作类型之一。4 种类型分别为：准双向口（标准 8051 输出模式）、推挽输出、仅为输入（高阻）或开漏输出功能。每个端口由 2 个控制寄存器（PxM1［7：0］及 PxM0［7：0］）中的相应位控制每个引脚工作类型。单片机上电复位后为准双向口模式。I/O 口工作类型设定见表 1-2。

表 1-2　I/O 口工作类型设定

PxM1［7：0］	PxM0［7：0］	I/O 口模式
0	0	准双向口，灌电流可达 20mA，拉电流为 230μA，可用作输出输入功能而不须重新配置端口线输出状态。这是因为端口线输出能力很弱，允许外部装置将其拉低。当引脚输出为低时，它的驱动能力很强，可吸收相当大的电流。准双向口读外部状态前，要先锁存为 1，才可读到外部正确的状态
0	1	推挽输出（强上拉输出，可达 20mA，要加限流电阻）
1	0	仅为输入（高阻）
1	1	开漏（Open Drain），内部上拉电阻断开。该模式既可读外部状态，又可对外输出高低电平。只是需添加外部上拉电阻，否则既读不到外部状态，也无法输出高电平

附录 A 所示为任务目标板原理图，其中 P30 为蜂鸣器端口，因此该端口设为推挽输出，初始化时输出低电平。通过以下代码可完成蜂鸣器端口的初始化。

(3) 初始化代码示例

以下为初始化程序示例，寄存器的初始值以符号常量的方式定义。考虑到寄存器初始值的赋值可能分散在程序不同位置，在外部电路或者内部程序发生变化需要修改时，若分别修改会带来一定不便，也容易遗漏，采用符号常量定义，则可以避免这些问题，同时可以提高程序的可读性。

```
/***********************************************************
    **************************** 头文件区域 **************************/
    #include < STC15.H>
    #include < intrins.h>
    /***********************************************************
    ************************ 常量定义区域 ************************/
    #define BUZ P30                         //蜂鸣器端口初始化
    #define P3_DATA 0x00
    #define P3_CFG0 0x01
    #define P3_CFG1 0x00
    /***********************************************************
    ************************ 变量定义区域 ************************/
    /***********************************************************
    ************************ 主函数模块 **************************/
    main(void)
    {
        IE &= ~0x80;                        //关中断
        WDT_CONTR = 0x15;                   //关看门狗
        P3M0 = 0x01;
```

```
        P3M1 = 0x00;
        P3   = 0x00;
        while(1)
        {

        }
    }
```

1.1.6　思考与练习

（1）以下符号，哪些不是标识符？

_1　M.D.Jones　$123　year　a=b　month　student_name　sum0

（2）以下标识符是否等价？

Abc　abc

（3）附录 A 中，哪些属于单片机端口输入设备？哪些属于单片机端口输出设备？

（4）在附录 A 所示电路图中，与 LED1 相关的端口有哪些？若想使得 LED1 点亮，端口的方向和数据应当如何设置？

任务实施

安全提示：请不要用手接触开发板电路裸露部分，以免触电。

步骤 1：分析各管脚功能，依据附录 A 完成下表，见表 1-3。

表 1-3　各管脚功能检析表

端口		7	6	5	4	3	2	1	0
P0	功能								
	管脚类型								
	初始化电平								
P1	功能								
	管脚类型								
	初始化电平								
P2	功能								
	管脚类型								
	初始化电平								
P3	功能								
	管脚类型								
	初始化电平								
P4	功能								
	管脚类型								
	初始化电平								
P5	功能								
	管脚类型								
	初始化电平								

步骤 2：按照上表完成初始化程序，点亮 LED1。

步骤 3：烧写程序，检查完成结果。

步骤 4：完成表 1-4 所列任务评价表，见表 1-4。

表 1-4 任务评价表

自 查 评 分		自评成绩
内 容	总分	
1. 能独立新建一个工程	10	
2. 能正确书写 C 语言代码	10	
3. 编译错误能找到错误代码并改正	10	
4. 能看懂电路原理图，并根据电路图分析端口初始化方向及初始化数据	20	
5. 能正确使用常量	20	
6. 能编译并烧写代码	10	
7. 初始化程序开发正确，LED1 能点亮	10	
总 分		
任务小结（完成情况、薄弱环节分析及改进措施）：		
教师评价：		

任务 1.2 上电蜂鸣器鸣叫一声

任务目标

任务要求：完成单片机程序并使开发板通电后蜂鸣器可短鸣一声。完成该任务，需要具备如图 1-9 所示的职业能力。

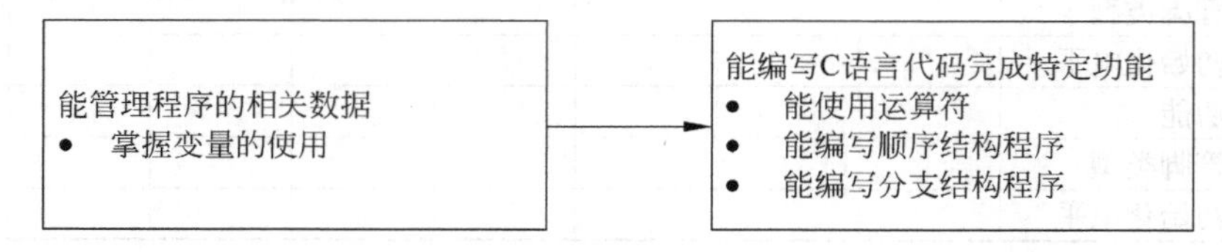

图 1-9 完成任务所需的能力及学习顺序

变量

1.2.1　变量

变量是计算机语言中一段命名的连续存储空间，在程序运行过程中，其值会发生变化。通过定义变量来申请并命名这样的存储空间，并通过变量的名字来使用这段存储空间。由于变量让编程人员能够把程序中准备使用的每一段数据都赋给一个简短、易于记忆的名字，因此十分有用。

每个变量在使用前必须进行定义，变量定义的格式为：

```
[存储种类]数据类型[存储器类型]变量名表;
```

其中，存储种类可选项有自动（auto)、外部（extern)、静态（static)、存储器（register)。关于存储种类将在后续章节中介绍，默认为自动变量。有些单片机在变量定义时需要说明变量存储在内存内容的不同空间，此时需要存储器类型的申明。

变量可按照如下方式定义：

```
unsigned char V1;              //定义一个 unsigned char 类型的变量,没有赋初始值
unsigned char V2 = 1,V3;       //定义两个 unsigned char 类型的变量,其中一个赋了初始值
unsigned short V4 = 5;         //定义一个 unsigned short 类型的变量,赋予初始值
```

可以定义单个变量，也可以同时定义同一类型的多个变量，多个变量同时定义是要用“,”分割，一句变量定义的语句结束要使用“;”，可以为变量赋予初始值。

变量定义时，主要进行以下两项工作：

(1) 按照变量的数据类型，在 RAM 区申请特定的内存空间，并用初始值填充空间；

(2) 为存储空间命名。

如以上定义后，将会在内存中开辟 5 个字节的空间，具体见表 1-5。

表 1-5　变量定义内涵示意表

内 存 地 址	空 间 名 称	内存内容（每个空间为一个字节）
0x80	V1	
0x81	V2	0x01
0x82	V3	
0x83	V4	0x00
0x84		0x05

对于没有初始化的空间，标准 C 语言执行时会赋予初始值 0，然而对于不同单片机来说，上电时刻 RAM 区初始化的结果并不统一，因此也不一定会为 0。

变量的使用，应该遵循以下规则：

① 每个变量必须有一个名字，变量名是标识符；

② 变量名不能是关键字（即保留字，是 C 编译程序中保留使用的标识符。如：auto、

break、char、do、else、if、int 等）；

③ 变量必须先定义再使用，在一个程序段中，变量定义一定要放在执行语句之前；

④ 一个变量不能重复定义；

⑤ 变量的初始化不能使用连等，如以下表示不正确

```
unsigned char a = b = c = 3;
```

⑥ 变量定义时必须考虑变量的数据类型与其数值范围是否匹配，如果数值范围超出了数据类型的规定，则可能丢失数据。

实操练习 2：在 main 函数之前，定义一个名为 ex1 的无符号单字节变量，定义一个名为 ex2、初始值为 20 的无符号单字节变量，定义一个名为 ex3、初始值为 360 的无符号 short 型变量，并编译程序。

1.2.2 运算符与表达式

表达式与运算符

C 语言程序由表达式构成，表达式是由常量、变量、函数和运算符组合起来的式子。一个表达式有一个值及其类型，它们等于计算表达式所得结果的值和类型。表达式求值按运算符的优先级和结合性规定的顺序进行。单个的常量、变量、函数可以看做是表达式的特例。

C 语言提供了多种运算符进行各种运算，包括强制类型转换运算符、算术运算符、关系运算符、逻辑运算符、位运算符。按照运算所需要的变量数目，可以分为单目、双目和三目运算符，如加法运算需要两个变量，则为双目运算符。C 语言中，运算符的运算优先级共分为 15 级，1 级最高，15 级最低。在表达式中，优先级较高的先于优先级较低的进行运算。而在一个运算量两侧的运算符优先级相同时，则按运算符的结合性所规定的结合方向处理。

C 语言中各运算符的结合性分为两种，即左结合性（自左至右）和右结合性（自右至左）。例如算术运算符的结合性是自左至右，即先左后右。如有表达式 x－y＋z，则 y 应先与“－”号结合，执行 x－y 运算，然后再执行＋z 的运算。这种自左至右的结合方向就称为“左结合性”。而自右至左的结合方向称为“右结合性”。最典型的右结合性运算符是赋值运算符。如 x＝y＝z，由于“＝”的右结合性，应先执行 y＝z 再执行 x＝（y＝z）运算。C 语言运算符中有不少为右结合性，应注意区别，以避免理解错误。

C 语言使用的具体运算符有以下几种。

（1）强制类型转换运算符

其一般形式为：

```
(类型说明符) (表达式)
```

其功能是把表达式的运算结果强制转换成类型说明符所表示的类型。

例如：

```
(unsigned char) a      把 a 转换为字节型
```

(2) 算术运算符

算术运算符是进行算术运算的运算符，包括了加、减、乘、除、求余等运算。

① 加法运算符“+”：加法运算符为双目运算符，即应有两个量参与加法运算，如a+b,4+8等，具有右结合性。

② 减法运算符“-”：减法运算符为双目运算符。但“-”也可作负值运算符，此时为单目运算，如-x，-5等，具有左结合性。

③ 乘法运算符“*”：双目运算，具有左结合性。

④ 除法运算符“/”：双目运算具有左结合性。参与运算量均为整型时，结果也为整型，舍去小数。

⑤ 求余运算符（模运算符）“%”：双目运算，具有左结合性。要求参与运算的量均为整型。求余运算的结果等于两数相除后的余数。

⑥ 自增、自减运算符：

自增1运算符记为“++”，其功能是使变量的值自增1。

自减1运算符记为“--”，其功能是使变量值自减1。

自增1、自减1运算符均为单目运算，都具有右结合性。可有以下几种形式：

++i　i自增1后再参与其他运算。

--i　i自减1后再参与其他运算。

i++　i参与运算后，i的值再自增1。

i--　i参与运算后，i的值再自减1。

如以下代码：

```
unsigned char i = 3, j;
j = i++;
```

i先参与j=i的运算，再自增，因此代码执行结束，j的值为3，i的值为4。

若代码为

```
unsigned char i = 3, j;
j = ++i;
```

则i和j的值均为4。

(3) 关系运算符

在程序中经常需要比较两个量的大小关系，以决定程序下一步的工作。比较两个量的运算符称为关系运算符。

在C语言中有以下关系运算符：

<　小于

<=　小于或等于

>　大于

>=　大于或等于

==　等于

!=　不等于

关系运算符都是双目运算符，其结合性均为左结合。关系运算符的优先级低于算术运算符，高于赋值运算符。在六个关系运算符中，<、<=、>、>=的优先级相同，高于==和!=、==和!=。

关系表达式的一般形式为：

表达式 关系运算符 表达式

例如：a+b>c-d

a>（b>c）

a!=（c==d）

关系表达式的值是“真”和“假”，C语言中，“0”为假，非“0”为真，使用关系运算符运算得出“真”用“1”表示。

如：5>0的值为“真”，即为1。

（a=3）>（b=5）由于3>5不成立，故其值为假，即为0。

（4）逻辑运算符和表达式

逻辑运算的值也为“真”和“假”两种，用“1”和“0”来表示。其求值规则如下：

① 与运算&&：参与运算的两个量都为真时，结果才为真，否则为假。

例如：5>0 && 4>2，由于5>0为真，4>2也为真，相与的结果也为真。

② 或运算||：参与运算的两个量只要有一个为真，结果就为真。两个量都为假时，结果为假。例如：5>0||5>8，由于5>0为真，相或的结果也就为真。

③ 非运算!：参与运算量为真时，结果为假；参与运算量为假时，结果为真。

例如：!（5>0）的结果为假。

与运算符&&和或运算符||均为双目运算符，具有左结合性。非运算符!为单目运算符，具有右结合性。

（5）位运算符

C语言提供了六种位运算符：

① 按位与运算符“&”：双目运算符，其功能是参与运算的两数各对应的二进位相与。只有对应的两个二进位均为1时，结果位才为1，否则为0。

例如：9&5可写算式如下：

00001001　　（9的二进制码）
&00000101　　（5的二进制码）
00000001　　（1的二进制码）

可见9&5=1。

按位与运算通常用来对某些位清0或保留。例如把a的高8位清0，保留低8位，可作a&255运算（255的二进制数为0000000011111111）。

② 按位或运算符“|”：双目运算符，其功能是参与运算的两数各对应的二进位相或。只要对应的两个二进位有一个为1时，结果位就为1。

例如：9|5可写算式如下：

00001001

| 00000101

00001101　　　　（十进制为 13）可见 9 | 5=13

③ 按位异或运算符“^”：双目运算符，其功能是参与运算的两数各对应的二进位相异或，当两对应的二进位相异时，结果为 1。例如 9^5 可写成算式如下：

00001001

^00000101

00001100　　　　（十进制为 12）

④ 求反运算符“～”：单目运算符，具有右结合性。其功能是对参与运算的数的各二进位按位求反。例如～9 的运算为：

～（0000000000001001）结果为：1111111111110110

⑤ 左移运算符“<<”：双目运算符，其功能把“<<”左边的运算数的各二进位全部左移若干位，由“<<”右边的数指定移动的位数，高位丢弃，低位补 0。例如：a<<4 指把 a 的各二进位向左移动 4 位。如 a=00000011（十进制 3），左移 4 位后为 00110000（十进制 48）。

⑥ 右移运算符“>>”：双目运算符，其功能是把“>>”左边的运算数的各二进位全部右移若干位，“>>”右边的数指定移动的位数。例如：设 a=15，a>>2；表示把 000001111 右移为 00000011（十进制 3）。

（6）条件运算符

条件运算符是唯一有 3 个操作数的运算符，所以有时又称为三元运算符。对于条件表达式可以表示为：<表达式 1>？<表达式 2>：<表达式 3>。“?”运算符的含义是：先求表达式 1 的值，如果为真，则执行表达式 2，并返回表达式 2 的结果；如果表达式 1 的值为假，则执行表达式 3，并返回表达式 3 的结果。举例如下：

```
unsigned char a = 2;
unsigned char c = 3;
unsigned charb = (a> c)?a:c;
```

运行结束 b 为 3。

（7）逗号运算符

在 C 语言中，多个表达式可以用逗号分开，其中用逗号分开的表达式的值分别计算，但整个表达式的值是最后一个表达式的值。

```
unsigned char a1,a2,b = 2,c = 7,d = 5;
a1 = (++b,c-- ,d + 3);
a2 = ++b,c-- ,d + 3;
```

对于给 a1 赋值的代码，所以最终的值应该是最后一个表达式的值，也就是（d+3）的值，所以 a1 的值为 8。

（8）运算符的优先级

运算符的优先级表见表 1-6。

表 1-6　运算符的优先级表

<table>
<tr><th>优先级</th><th>运算符</th><th>名称或含义</th><th>使用形式</th><th>结合方向</th></tr>
<tr><td rowspan="3">1</td><td>()</td><td>圆括号</td><td>（表达式）/函数名（形参表）</td><td rowspan="3"></td></tr>
<tr><td>.</td><td>成员选择（对象）</td><td>对象．成员名</td></tr>
<tr><td>-></td><td>成员选择（指针）</td><td>对象指针->成员名</td></tr>
<tr><td rowspan="8">2</td><td>－</td><td>负号运算符</td><td>－表达式</td><td rowspan="8">右到左</td></tr>
<tr><td>（类型）</td><td>强制类型转换</td><td>（数据类型）表达式</td></tr>
<tr><td>＋＋</td><td>自增运算符</td><td>＋＋变量名/变量名＋＋</td></tr>
<tr><td>－－</td><td>自减运算符</td><td>－－变量名/变量名－－</td></tr>
<tr><td>*</td><td>取值运算符</td><td>*指针表达式</td></tr>
<tr><td>&</td><td>取地址运算符</td><td>&左值表达式</td></tr>
<tr><td>！</td><td>逻辑非运算符</td><td>！表达式</td></tr>
<tr><td>～</td><td>按位取反运算符</td><td>～表达式</td></tr>
<tr><td rowspan="3">3</td><td>/</td><td>除</td><td>表达式/表达式</td><td rowspan="3">左到右</td></tr>
<tr><td>*</td><td>乘</td><td>表达式*表达式</td></tr>
<tr><td>%</td><td>余数（取模）</td><td>整型表达式%整型表达式</td></tr>
<tr><td rowspan="2">4</td><td>＋</td><td>加</td><td>表达式＋表达式</td><td rowspan="2">左到右</td></tr>
<tr><td>－</td><td>减</td><td>表达式-表达式</td></tr>
<tr><td rowspan="2">5</td><td><<</td><td>左移</td><td>表达式<<表达式</td><td rowspan="2">左到右</td></tr>
<tr><td>>></td><td>右移</td><td>表达式>>表达式</td></tr>
<tr><td rowspan="4">6</td><td>></td><td>大于</td><td>表达式>表达式</td><td rowspan="4">左到右</td></tr>
<tr><td>>=</td><td>大于等于</td><td>表达式>＝表达式</td></tr>
<tr><td><</td><td>小于</td><td>表达式<表达式</td></tr>
<tr><td><=</td><td>小于等于</td><td>表达式<＝表达式</td></tr>
<tr><td rowspan="2">7</td><td>==</td><td>等于</td><td>表达式＝＝表达式</td><td rowspan="2">左到右</td></tr>
<tr><td>！=</td><td>不等于</td><td>表达式！＝表达式</td></tr>
<tr><td>8</td><td>&</td><td>按位与</td><td>整型表达式&整型表达式</td><td>左到右</td></tr>
<tr><td>9</td><td>^</td><td>按位异或</td><td>整型表达式^整型表达式</td><td>左到右</td></tr>
<tr><td>10</td><td>|</td><td>按位或</td><td>整型表达式|整型表达式</td><td>左到右</td></tr>
<tr><td>11</td><td>&&</td><td>逻辑与</td><td>表达式&&表达式</td><td>左到右</td></tr>
<tr><td>12</td><td>||</td><td>逻辑或</td><td>表达式||表达式</td><td>左到右</td></tr>
<tr><td>13</td><td>?:</td><td>条件运算符</td><td>表达式1？表达式2：表达式3</td><td>右到左</td></tr>
<tr><td rowspan="11">14</td><td>=</td><td>赋值运算符</td><td>变量＝表达式</td><td rowspan="11">右到左</td></tr>
<tr><td>/=</td><td>除后赋值</td><td>变量/＝表达式</td></tr>
<tr><td>*=</td><td>乘后赋值</td><td>变量*＝表达式</td></tr>
<tr><td>%=</td><td>取模后赋值</td><td>变量%＝表达式</td></tr>
<tr><td>+=</td><td>加后赋值</td><td>变量＋＝表达式</td></tr>
<tr><td>-=</td><td>减后赋值</td><td>变量－＝表达式</td></tr>
<tr><td><<=</td><td>左移后赋值</td><td>变量<<＝表达式</td></tr>
<tr><td>>>=</td><td>右移后赋值</td><td>变量>>＝表达式</td></tr>
<tr><td>&=</td><td>按位与后赋值</td><td>变量&＝表达式</td></tr>
<tr><td>^=</td><td>按位异或后赋值</td><td>变量^＝表达式</td></tr>
<tr><td>|=</td><td>按位或后赋值</td><td>变量|＝表达式</td></tr>
<tr><td>15</td><td>，</td><td>逗号运算符</td><td>表达式，表达式，…</td><td>左到右</td></tr>
</table>

依据表 1-6，按照运算符的优先顺序可以得出：

a＞b ＆＆ c＞d　　　　等价于　（a＞b）＆＆（c＞d）

！b＝＝c｜｜d＜a　　　等价于　（（！b）＝＝c）｜｜（d＜a）

a＋b＞c＆＆x＋y＜b　　等价于　（（a＋b）＞c）＆＆（（x＋y）＜b）

1.2.3　程序设计结构及流程图绘制

按照程序设计的结构，C 语言分为顺序结构、分支判断结构和循环结构，具体含义如下：

顺序结构：完成一条语句进行下一条语句，是最简单的程序设计方式。

分支判断结构：条件不同时执行的程序不同，分支结构的程序设计采用 if 语句和 switch 语句实现。

循环结构：满足循环执行的条件时，反复执行同一段代码（循环体），直到条件不满足，循环结构的程序设计通常采用 for 语句、while 语句、do while 语句。

在软件开发的过程中，为了构建程序的总体结构，通常会先绘制程序流程图以直观展示程序的功能。流程图中最常用符号如图 1-10 所示。

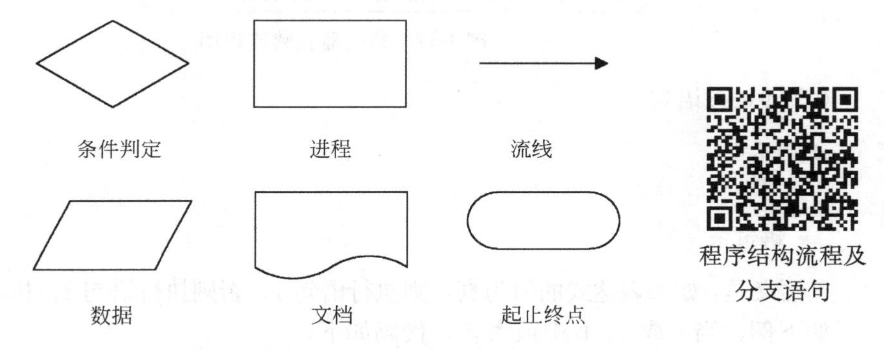

图 1-10　流程图常用符号

绘制流程图时首先是绘制整体程序框架，然后再按照其具体的功能和结构将其分解成若干个子流程图。从流程图上可以直观地检查出程序的总体结构是否正确合理，再根据流程图来编写程序。

1.2.4　if 分支结构

在编写程序时，经常会根据当前条件进行判别，依据条件的真假执行不同的程序（分支），用 if 语句可以构成分支结构。它根据给定的条件进行判断，以决定执行某个分支程序段。C 语言的 if 语句有三种基本形式。

（1）基本形式：if（表达式）语句

其语义是：如果表达式的值为真，则执行其后的语句，否则不执行该语句。其过程可表示为图 1-11。

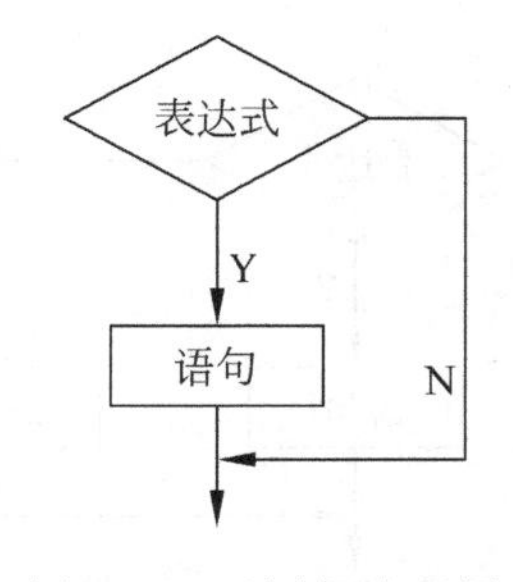

图 1-11　if 语句流程图

如下例，当 a 大于 5 时，b 取 a 的值，代码如下：

```
unsigned char a = 2,b;
if(a>5) b=a;
```

实操练习 2：在死循环程序中，编写无源蜂鸣器持续鸣叫程序，其流程图如图 1-12 所示。

清看门狗定时器
循环次数加1
(代表过了一个时间单位)
循环次数==50
(判断脉冲电平是否持续足够时间)
N
Y
蜂鸣器端口电平反转
循环次数清零
(电平反转后开始计算新的电平持续的时间)

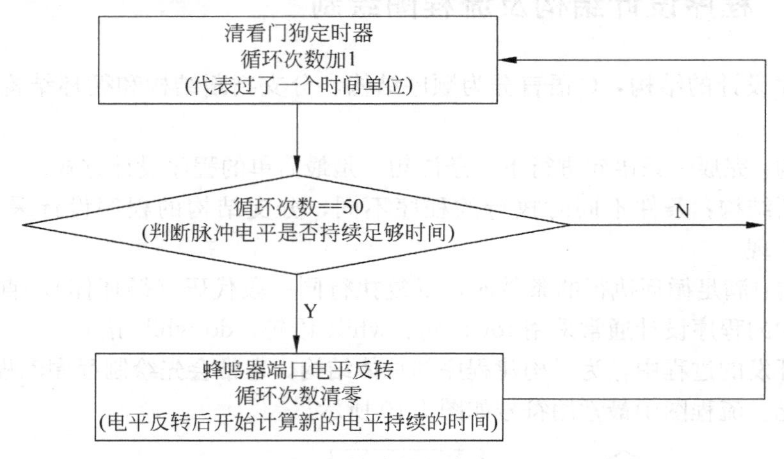

图 1-12　蜂鸣器长鸣流程图

(2) if-else 语句

```
if(表达式)
    语句 1;
else
    语句 2;
```

其语义是：如果表达式的值为真，则执行语句 1，否则执行语句 2。执行过程见图 1-13。如下例，当 c 取 a、b 中最大者，代码如下：

```
if(a>b)  c=a;
else     c=b;
```

实操练习 3：在死循环程序中，编写 LED 闪烁程序，其流程图如图 1-14 所示。

表达式
N
Y
语句1
语句2

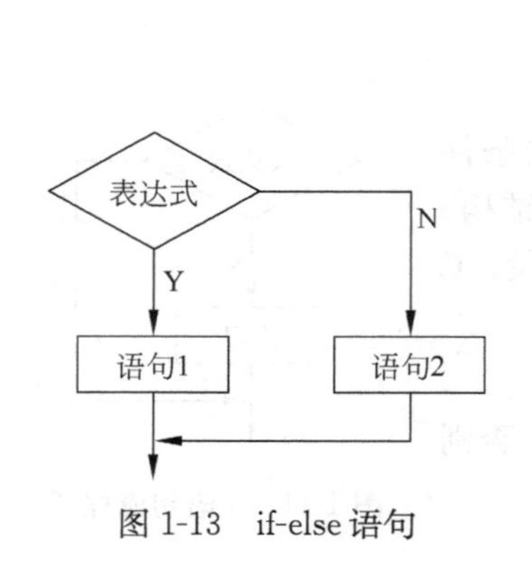

图 1-13　if-else 语句

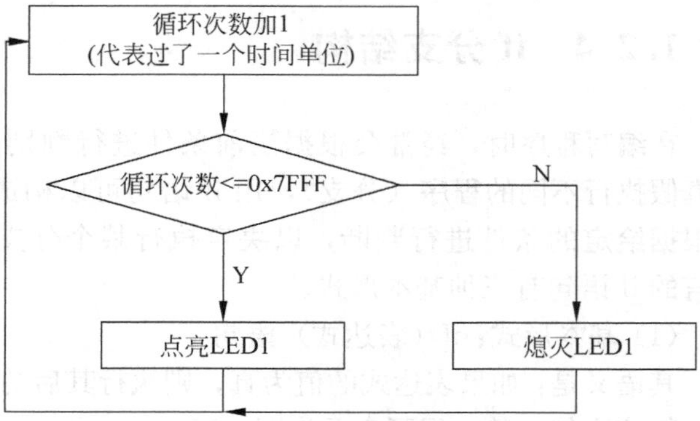

循环次数加1
(代表过了一个时间单位)
循环次数<=0x7FFF
N
Y
点亮LED1
熄灭LED1

图 1-14　LED 闪烁程序流程图

(3) if-else-if 语句

当有多个分支选择时，可采用 if-else-if 语句，其一般形式为：

```
if(表达式 1)          语句 1;
else  if(表达式 2)    语句 2;
else  if(表达式 3)    语句 3;
else  if(表达式 4)    语句 4;
else                  语句 5;
```

其语义是：依次判断表达式的值，当出现某个值为真时，则执行其对应的语句。然后跳到整个 if 语句之外继续执行程序。如果所有的表达式均为假，则执行语句 n，然后继续执行后续程序。if-else-if 语句的执行过程如图 1-15 所示。

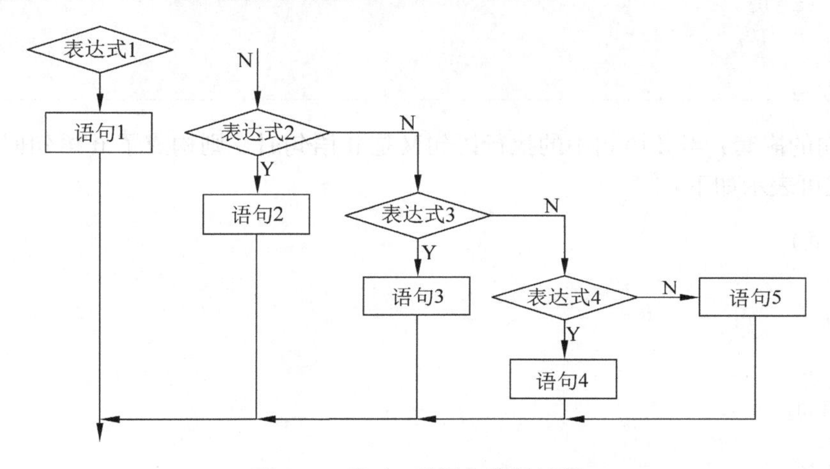

图 1-15　if-else-if 语句执行过程

实操练习 4： 在死循环程序中，绘制 LED1、LED2、LED3 跑马灯程序流程图，并完成程序。

(4) 在使用 if 语句中注意的问题

① 在三种形式的 if 语句中，在 if 关键字之后均为表达式。该表达式通常是逻辑表达式或关系表达式，但也可以是其他表达式，如赋值表达式等，甚至可以是一个变量。

例如：

```
if(a = 5) 语句;
if(b) 语句;
```

都是允许的。只要表达式的值为非 0，即为“真”。

如：

```
if(a = 5) …;
```

表达式的值永远为非 0，所以其后的语句总是要执行的，尽管逻辑上恒真的语句根本不需要判断，但在语法上该语句是合法的。

② 在 if 语句中，条件判断表达式必须用括号括起来，在语句之后必须加分号。

③ 在 if 语句的三种形式中，所有的语句应为单个语句，如果要想在满足条件时执行

一组（多个）语句，则必须把这一组语句用“{}”括起来组成一个复合语句。但要注意的是在“}”之后不能再加分号。

例如：

```
if(a>b)
{
        a++;
         b++;
}
else
{
        a=0;
        b=10;
}
```

④ 语句的嵌套：当 if 语句中的执行语句又是 if 语句时，则构成了 if 语句嵌套的情形。其一般形式可表示如下：

```
if(表达式)
if 语句;
```

或者为

```
if(表达式)
   if 语句;
    else
   if 语句;
```

在嵌套内的 if 语句可能又是 if-else 型的，这将会出现多个 if 和多个 else 重叠的情况，这时要特别注意 if 和 else 的配对问题。

例如：

```
if(表达式 1)
  if(表达式 2)
        语句 1;
  else
          语句 2;
```

其中的 else 究竟是与哪一个 if 配对呢？

应该理解为：

```
if(表达式 1)
    if(表达式 2)
        语句 1;
    else
        语句 2;
```

还是应理解为：

```
if(表达式 1)
```

```
    if(表达式 2)
        语句 1;
    else
        语句 2;
```

为了避免这种二义性，C 语言规定，else 总是与它前面最近的 if 配对，因此对上述例子应按前一种情况理解。

1.2.5　switch 分支结构

C 语言还提供了另一种用于多分支选择的 switch 语句，其一般形式为：

```
switch(表达式)
{
    case 常量表达式 1:  语句 1;
    case 常量表达式 2:  语句 2;
        …
    case 常量表达式 n:  语句 n;
    default         :  语句 n+1;
}
```

其语义是：计算表达式的值，并逐个与其后的常量表达式值相比较，当表达式的值与某个常量表达式的值相等时，即执行其后的语句，然后不再进行判断，继续执行后面所有 case 后的语句。如表达式的值与所有 case 后的常量表达式均不相同时，则执行 default 后的语句。如：

```
switch(i)
{
        case 1:   i++;
        case 2:   i++;
        default:  i++;
}
```

若 i 为 1，则会从“case 1:”之后开始，连续执行三个 i++语句，因此最后的结果为 i=4；若 i 为 2，则执行了两个 i++，结果同为 i=4；当 i 为 3 时，从“default:”之后开始，执行一个i++语句，因此最后的结果为 i=4。

在 switch 语句中，“case 常量表达式”只相当于一个语句标号，表达式的值和某标号相等则转向该标号执行，但不能在执行完该标号的语句后自动跳出整个 switch 语句，所以出现了继续执行所有后面 case 语句的情况。这是与前面介绍的 if 语句完全不同的，应特别注意。为了避免上述情况，C 语言还提供了一种 break 语句，可用于跳出 switch 语句，break 语句只有关键字 break，没有参数。在后面还将详细介绍。修改例题的程序，在各 case 语句之后增加 break 语句，使每一次执行之后均可跳出 switch 语句。

```
switch(表达式)
{
    case 常量表达式 1:  语句 1;break;
```

```
    case 常量表达式 2:   语句 2;break;
        …
    case 常量表达式 n:   语句 n;break;
    default          :  语句 n + 1;
}
```

如：

```
switch(i)
{
        case 1:   i++;break;
        case 2:   i++; break;
        default:   i++;
}
```

若 i 为 1，则会从“case 1：”之后开始执行 i＋＋语句，当执行到 break 语句后，跳出 switch 语句，因此最后的结果为 i＝2。

在使用 switch 语句时还应注意以下几点：

① 在 case 后的各常量表达式的值不能相同，否则会出现错误。

② 在 case 后，允许有多个语句，可以不用 {} 括起来。

③ 各 case 和 default 子句的先后顺序可以变动，而不会影响程序执行结果。

④ default 子句可以省略不用。

实操练习 5：在死循环程序中，使用 switch 语句完成 LED1、LED2、LED3 跑马灯程序。

1.2.6　思考与练习

(1) 下列的定义哪些是正确的?

```
unsigned char a = 5, b = 3;
unsigned char a,b,c; a = b = c = 3;
unsigned char a = b = c = 3;
```

(2) 若定义 unsigned char a ＝ 360；a 的结果将为多少?

(3) 以下 x，y，z 的值分别为多少?

①
```
unsigned char x = 3,y = 2,z = 1;
z = (x * y + y/z) * y;
```

②
```
unsigned char x = 3,y = 2,z = 1;
    x = (! (x&&y) | | z == 0);
```

③
```
unsigned char x = 3,y = 2,z = 1;
    z = x> y&&z!= x;
```

④
```
unsigned char x = 3,y = 2,z = 1;
    x = (y * z++) + 1;
```

⑤ unsigned char x = 3; int y = 4;
```
y = x;
```

⑥ unsigned char x = 3; int y = 321;
```
x = y;
```

(4) 使用位运算符实现下列运算。

① PTBD 寄存器，取第 3 位的值；

② PTBD 寄存器，第 5 位取反；

③ PTBD 寄存器，第 2 位置 1，其他位不变；

④ PTBD 寄存器，第 6 位置 0，其他位不变。

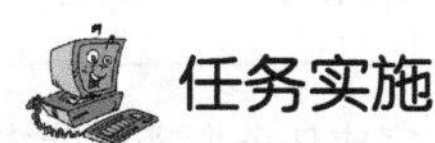

任务实施

在任务 1.1 初始化程序基础上，开发上电响蜂鸣器一声的代码。

步骤 1： 定义记录循环次数即蜂鸣器高低电平持续时间变量，定义蜂鸣器鸣叫时间变量。

步骤 2： 在表 1-7 空白处绘制上电响蜂鸣器一声的主循环流程图。

步骤 3： 按照流程图开发程序，并烧写程序，自查结果。

步骤 4： 修改蜂鸣器驱动脉冲频率，观察蜂鸣器鸣叫状态变化。

步骤 5： 完成表 1-7 所列任务评价表。

表 1-7　任务 1.2 评价表

自 查 评 分		自评成绩
内　容	总分	
1. 能正确定义并使用变量	10	
2. 能正确绘制流程图	10	
3. 对于编译错误能找到错误代码并改正	10	
4. 能编写条件分支语句	25	
5. 了解无源蜂鸣器工作原理，并能开发相应代码	25	
6. 完成任务要求结果：上电响一声蜂鸣	20	
总　分		
任务小结（完成情况、薄弱环节分析及改进措施）：		
教师评价：		

任务 1.3　指示灯初始化显示

任务目标

任务要求：完成单片机程序使开发板通电后蜂鸣器可短鸣一声，完成指示灯初始化显示，所有指示灯执行一次跑马灯过程，最后点亮 LED24。完成该任务，需要具备如图 1-16 所示的能力。

- 能编写循环结构代码
- 能使用while、do while语句
- 能使用for语句

图 1-16　完成任务所需的能力

知识链接

1.3.1　循环结构概述

循环结构是指：满足循环执行的条件时，反复执行同一段代码（循环体），直到条件不满足。循环结构可以减少源程序重复书写的工作量，用来描述重复执行某段算法的问题，这是程序设计中最能发挥计算机特长的程序结构。当无法退出循环时，称之为死循环，大多数单片机的主体程序是个死循环程序，在死循环中依次执行显示、按键等功能模块的程序，但是一旦程序进入意料之外的死循环程序，程序就无法正常运行而死机。因此大多数循环程序有循环中止的条件，可以看成是一个条件判断语句和一个向回转向语句的组合，具备三个要素——循环变量（控制循环进程）、循环体和循环终止条件。当循环条件为真时，执行循环体，进行循环变量处理，再执行这一过程，直至循环条件不为真。

循环结构的程序设计采用 for 语句、while 语句或 do while 语句实现。

1.3.2　while 语句

循环语句

while 语句表述为

```
while(表达式)
循环体语句
```

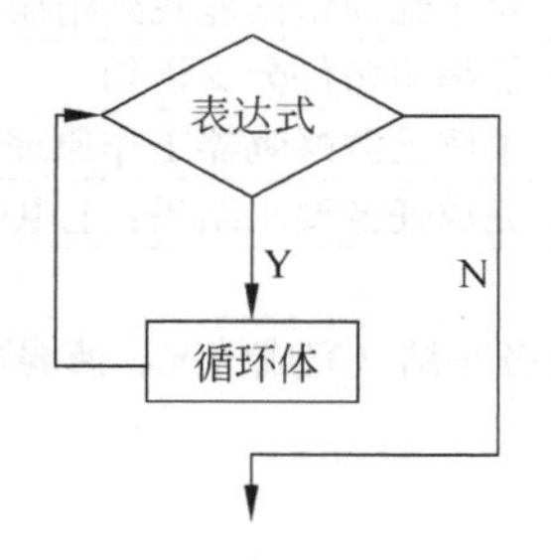

图 1-17　while 语句流程图

while 语句的语义是：计算表达式的值，当值为真（非 0）时，执行循环体语句。其执行过程可用图 1-17 表示。

如：用 while 语句构成循环，求 sum＝1＋2＋…＋100 的程序如下：

```
i = 1,sum = 0;
while (i<= 100)                         //循环条件判断
  {
      //循环体
      sum += i;
```

```
    i++;            //循环变量处理
}
```

程序中，循环变量为 i，i 从 1 增加到 100，作为新的加数，循环体为求和的结果叠加新的加数，加完之后处理循环变量为下次求和做准备，而循环条件则是对循环变量判断，当加数超过 100 时，停止求和运算。

实操练习 6： 使用 while 循环完成延时程序，使得蜂鸣器鸣叫，通过延时程序控制蜂鸣器鸣叫的脉冲频率。

1.3.3　do while 语句

do while 语句表达为

```
do
   循环体语句
while(表达式);
```

语义：当表达式为真时，执行循环体语句；为假时，执行循环语句的后续语句。例如用 do-while 语句构成循环，求 sum＝1＋2＋…＋100 的程序如下：

```
i = 1,sum = 0;
do
{
       //循环体
       sum += i;
       i++;              //循环变量处理
} while (i< = 100) ;     //循环条件判断
```

需要注意的是“while（表达式）；”的“；”不能被遗漏。

实操练习 7： 使用 do while 循环完成延时程序，使得蜂鸣器鸣叫，通过延时程序控制蜂鸣器鸣叫的脉冲频率。

1.3.4　for 语句

for 语句表达为

```
for(表达式 1; 表达式 2; 表达式 3)
循环体语句;
```

for 语句的语义：

① 求解表达式 1。

② 求解表达式 2，若其值为真，则执行第三步；若为假，则结束循环。

③ 执行循环体中的语句。

④ 求解表达式 3。

⑤ 转回第二步继续执行。

例如：for（i=1；i<=100；i++）sum=sum+i；可看成：

```
for(循环变量赋初值; 循环条件; 循环变量增值)语句;
```

说明：

① for 语句中的三个表达式均可以是逗号表达式，故可同时对多个变量赋初值及修改。如：for（i=0，j=1；j<n && i<n；i++，j++）…

② for 语句中三个表达式可省？

实操练习 8：使用 for 循环完成延时程序，使得蜂鸣器鸣叫，通过延时程序控制蜂鸣器鸣叫的脉冲频率。

实操练习 9：使用 for 循环完成延时程序，完成 LED1～LED4 的跑马灯程序。

1.3.5 break 和 continue 语句

（1）break 语句：可以用于 switch 语句中，也可以用于循环语句中，当用于循环语句中时，用于在满足条件情况下，跳出本层循环。

对于如下循环语句，sum 为 1 到 5 的求和，当 i 为 3 时，将退出循环，因此计算结果为 sum 为 3，i 为 2。

```
sum = 0;
for(i = 0;i < 5;i++)
{
    if(i == 3) break;
    sum = sum + i;
}
```

（2）continue 语句：用于循环语句中，在满足条件情况下，跳出本次循环。即跳过本次循环体中下面尚未执行的语句，接着进行下一次的循环判断。

例如：

```
sum = 0;
for(i = 0;i < 5;i++)
{
    if(i == 3) continue;
    sum = sum + i;
}
```

当 i=3 时，不执行循环体，计算的结果为 7。

1.3.6 思考与练习

（1）语句“while（！e）；”中的条件“！e”等价于（　　）。

A. e==0　　B. e！=1　　C. e！=0　　D. ～e

（2）C 语言中 while 和 do-while 循环的主要区别是（　　）。

A. do-while 的循环体至少无条件执行一次
B. while 的循环控制条件比 do-while 的循环控制条件严格
C. do-while 允许从外部转到循环体内
D. do-while 的循环体不能是复合语句

(3) 与以下程序段等价的是（　　）。

```
while (a)
{
    if (b) continue;
    c;
}
```

A. while (a)
　{ if (! b) c; }

B. while (c)
　{ if (! b) break; c; }

C. while (c)
　{ if (b) c; }

D. while (a)
　{ if (b) break; c; }

(4) 以下程序运行后，j 的结果是（　　）。

```
main()
{
    int i,j = 0;
    for (i = 4;i< = 10;i++)
    {
        if (i % 3 == 0) continue;
        j = j + i;
    }
}
```

A. 45　　B. 34　　C. 28　　D. 14

(5) 以下程序运行后，s 的结果是（　　）。

```
main()
{
    int s = 0,k;
    for (k = 7;k> = 0;k--)
    {
        switch(k)
        {
            case 1:
            case 4:
            case 7: s++; break;
            case 2:
            case 3:
            case 6: break;
            case 0:
            case 5: s += 2; break;
        }
    }
}
```

（6）以下程序运行后，s 的结果是（　　）。

```
main()
{
    int i = 1, s = 3;
    do
    {
        s += i++;
        if (s % 7 == 0)
            continue;
        else
            ++i;
    } while (s < 15);
}
```

任务实施

在任务 1.2 程序基础上，开发指示灯初始化显示的程序。

步骤 1：在表 1-8 空白处绘制指示灯初始化的主循环流程图。

步骤 2：按照流程图开发程序，并烧写程序，自查结果。

步骤 3：修改各循环控制变量，使得指示灯轮闪有较好的视觉效果。

步骤 4：完成表 1-8 所列任务评价表。

表 1-8　任务 1.3 评价表

自 查 评 分		自评成绩
内　　容	总分	
1. 能正确理解循环结构的用途	10	
2. 能正确绘制循环结构流程图	10	
3. 对于编译错误能找到错误代码并改正	10	
4. 能编写循环语句	25	
6. 完成任务要求结果：所有指示灯执行跑马灯过程，最后点亮 L24	45	
总　　分		
任务小结（完成情况、薄弱环节分析及改进措施）：		
教师评价：		

任务 1.4　数码管初始化显示

任务目标

任务要求：完成 9 到 0 秒的倒计时显示，最后全灭。完成该任务所需能力及学习顺序如图 1-18 所示。

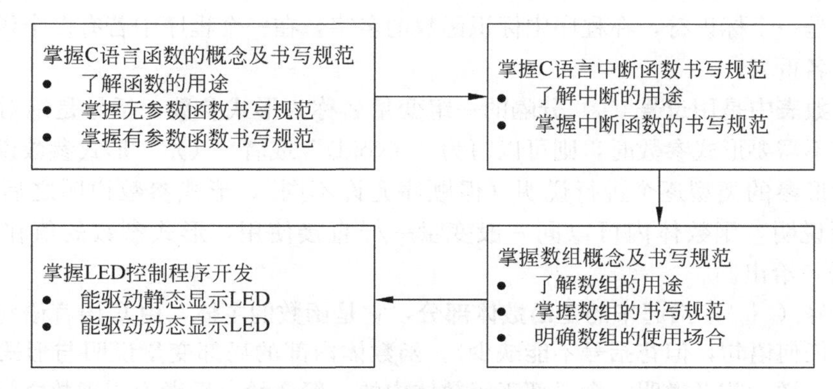

图 1-18　完成任务所需的能力及学习顺序

知识链接

1.4.1　函数概述

函数是 C 语言源程序的基本模块，通过对函数模块的调用实现特定的功能。C 语言中的函数相当于其他高级语言的子程序。用户可把自己的算法编成一个个相对独立的函数模块，然后调用函数完成执行的功能。可以说 C 语言程序的全部工作都是由各式各样的函数完成的。单片机 C 语言函数的使用包括：函数定义（函数的功能代码编写）、函数调用（执行函数的功能，调用函数的为主调函数）、函数申明（在 main 函数后定义的函数需要申明）。

(1) 函数定义

函数定义的格式为

```
类型说明符函数名(形式参数表)
{
    局部变量说明;
    语句;
}
```

函数

应该指出的是，在 C 语言中，所有的函数定义，包括主函数 main 在内，都是平行的。也就是说，在一个函数的函数体内，不能再定义另一个函数，即不能嵌套定义。一个

C语言程序可以由多个文件组成，每个文件都可以单独编译，最后将几个文件连接生成一个可运行文件，但一个函数不能出现在两个文件中，函数在一个文件中必须保持完整。

函数定义的类型说明符是说明函数中 return 语句返回值的类型，也是函数执行完后返回给主调语句的结果，即称为函数的类型，它可以是任意的合法数据类型，如 int、long、char 等，也可以是以后所讲到的指针、结构等。如果不返回任何数据，则类型说明符为 void。函数的返回值是通过函数中的 return 语句获得的。因此如果需要从被调用函数带回一个函数值（供主调函数使用），被调用函数中必须包括 return 语句。如果不需要从被调用函数带回函数值时可以不要 return 语句。

函数名是一个标识符，在程序中标识函数的名字，在一个程序中若有多个函数定义时不允许函数名重名。

形式参数表中是用逗号（,）分隔的一组变量名称为形式参数，括号是绝对不可省略的，当函数不需要形式参数时，则可以写为“（void)”或者“()”。形式参数说明对形参表中每一个形参的类型逐个进行说明（但顺序允许不同），形式参数说明之后在函数体中不必重新说明，函数体内可以同一般变量一样直接使用，形式参数的值在调用函数时由调用语句给出。

用花括号（｛｝）括起来的是**函数体部分**，它是函数的主体，由C语言语句组成（空函数中没有任何语句，但花括号不能缺少）。函数体内部的局部变量说明与形式参数说明含义完全不一样，前者说明一个局部于函数体内的一般变量，后者说明函数之间的传递数据的形式变量。此外，前者要写在花括号之内，是函数体的组成部分，后者一定要在函数体花括号之外，两者不能混淆，不能混在一起书写。

（2）函数的调用

在程序中是通过对函数的调用来执行函数体的，C语言中，函数调用的一般形式为：

```
函数名(实际参数表);
```

main 函数是主函数，它可以调用其他函数，而不允许被其他函数调用。因此，C程序的执行总是从 main 函数开始，完成对其他函数的调用后再返回到 main 函数，最后由 main 函数结束整个程序。一个C源程序有且仅有一个主函数 main。但是函数之间允许相互调用，也允许嵌套调用。习惯上把调用者称为主调函数。函数还可以自己调用自己，称为递归调用。

调用函数时所用的参数称为实际参数（实参），实参与形式参数（形参）相结合，称为“形实结合”，此时必须遵循“三个一致”的原则，即类型一致、顺序一致、数量一致（但字符型和整型可以互相通用）。

对无参函数调用时则无实际参数表。实际参数表中的参数可以是常数、变量或其他构造类型数据及表达式。各实参之间用逗号分隔。函数定义中指定的形式参数在未出现函数调用之时，它们不占用内存中的存储单元，只有在发生函数调用时才被分配内存单元，实参变量将数值传递给形参变量，调用结束后，形参所占的内存单元也被释放，因此实参变量对形参变量是单向“值”传递，并不返回。实参可以相同，也可以是表达式，例如 max（a，a)，但要求它们有确定的值，在调用时通常实参值传递给形参，形参不可以相同也不可以为表达式。

在C语言中，可以用以下几种方式调用函数。

① 函数表达式：函数作为表达式中的一项，以函数返回值形式参与表达式的运算。这种方式要求函数是有返回值的。例如：z＝max（x，y）是一个赋值表达式，把max的返回值赋予变量z。

② 函数语句：函数调用的一般形式加上分号即构成函数语句，如“Mcu _ init（）;”。

③ 函数实参：函数作为另一个函数调用的实际参数出现，这种情况是把该函数的值返回。

（3）函数的申明

C语言编译系统是由上往下编译的，一般被调函数放在主调函数后面的话，前面应有声明，不然C由上往下的编译系统将无法识别。正如变量必须先声明后使用一样，函数也必须在被调用之前先声明，否则无法调用。函数的声明可以与定义分离，要注意的是一个函数只能被定义一次，但可以声明多次。

函数声明由函数返回类型、函数名和形参列表组成。形参列表必须包括形参类型，但是不必对形参命名。这三个元素被称为函数原型，函数原型描述了函数的接口。定义函数的程序员提供函数原型，使用函数的程序员就只需要对函数原型编辑。

```
【返回类型】函数名(参数1类型参数1,参数2类型参数2,…);
```

函数声明中的形参名往往被忽略，如果声明中提供了形参的名字，也只是用作辅助文档。另外要注意函数声明是一个语句，后面不可漏分号。

1.4.2　函数使用实例

（1）无参无返回值函数

以下为无参函数的使用实例，定义了一个初始化函数MCU _ Init，在函数的定义中对寄存器进行配置，在主调函数main函数之前，进行了申明，函数的申明必须以“;”结束，在主调函数中通过“函数名（）；”的方式进行了调用。因此程序执行时，首先会首先进入初始化函数执行初始化代码，再返回主函数进入死循环程序，如图1-19所示。

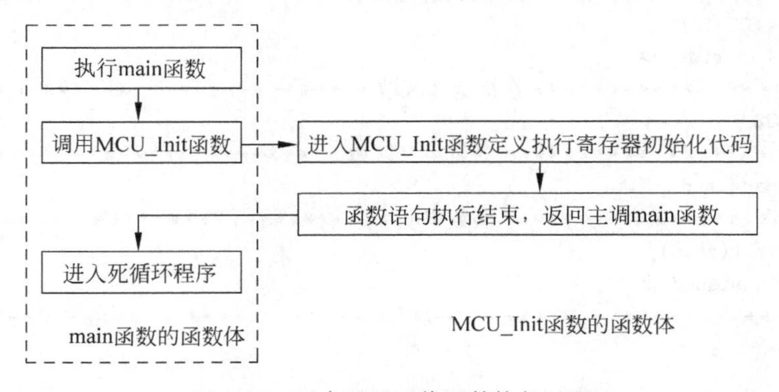

图1-19　无参无返回值函数执行过程

```
/***************************** 头文件区域 *****************************/
#include <STC15.H>
#include <intrins.h>
/**************************** 函数申明 ****************************/
void MCU_Init(void);
/**************************** 主函数模块 ****************************/
main(void)
{
    MCU_Init();                              //函数调用
    while(1)
    {
    }
}
/**************************** 函数定义 ****************************/
void MCU_Init(void)
{
    IE &= ~0x80;                             //关中断
    WDT_CONTR = 0x15;                        //关看门狗
    //端口初始化
    P3M0 = 0x00;
    P3M1 = 0x00;
    P3   = 0x00;
}
```

实操练习 10：使用初始化函数初始化控制板端口。

(2) 有参无返回值函数

以下为有参无返回值函数的使用实例，通过延时生成蜂鸣器工作脉冲，从而使得蜂鸣器鸣叫。有参函数定义时，形参为 Count，类型为 unsigned char，该函数使用“void Delay (unsigned char);”语句申明要填写形参的类型，调用时，必须传递一个实际的值给 Count，通过调用语句“Delay (Count_Time);”，将 Count_Time 的值给 Count，在 Delay 函数中进行运算。如图 1-20 所示为函数的执行过程。

```
/***************************** 头文件区域 *****************************/
#include <STC15.H>
#include <intrins.h>
/************************** 常量定义区域 **************************/
#define BUZ P30
/**************************** 变量定义区域 ****************************/
unsigned char Count_Time;
/**************************** 函数申明 ****************************/
void MCU_Init(void);
void Delay(unsigned char);
/**************************** 主函数模块 ****************************/
main(void)
{
    MCU_Init();
    while(1)
```

```
        {   Count _ Time = 150;
            Delay(Count _ Time);
            BUZ = ! BUZ;
        }
    }
    /************************** 函数 **************************/
    void MCU _ Init(void)                       //初始化函数
    {
        IE &= ～0x80;                           //关中断
        WDT _ CONTR = 0x15;                     //关看门狗
        //端口初始化
        P3M0 = 0x00;
        P3M1 = 0x00;
        P3   = 0x00;
    }
    void Delay(unsigned char Count)             //延时函数
    {
        while(Count!= 0) Count -- ;
    }
```

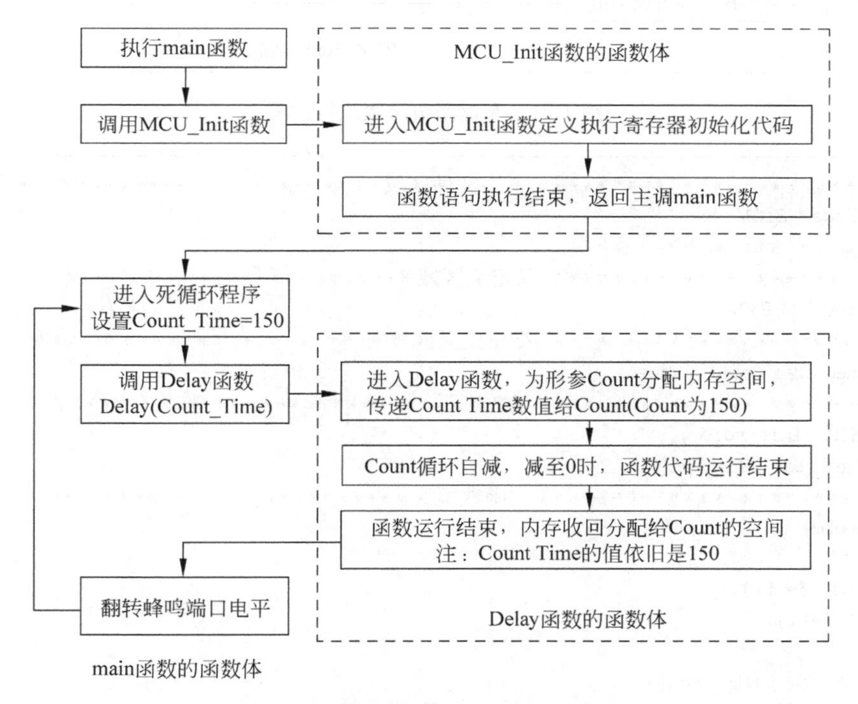

图 1-20　有参无返回值函数执行过程

(3) 有返回值函数

以下为有返回值函数的使用实例，定义了一个蜂鸣电平设置函数 BUZ _ Fun，该函数定义为 unsigned char 类型，因此函数执行时必须返回一个 unsigned char 的数值给主调函数的 BUZ（BUZ=BUZ _ Fun（);），在驱动脉冲的正脉冲阶段返回一个高电平（return

1）给 BUZ，在驱动脉冲的负脉冲阶段返回一个低电平（return 0）给 BUZ。如图 1-21 所示为函数的执行过程。

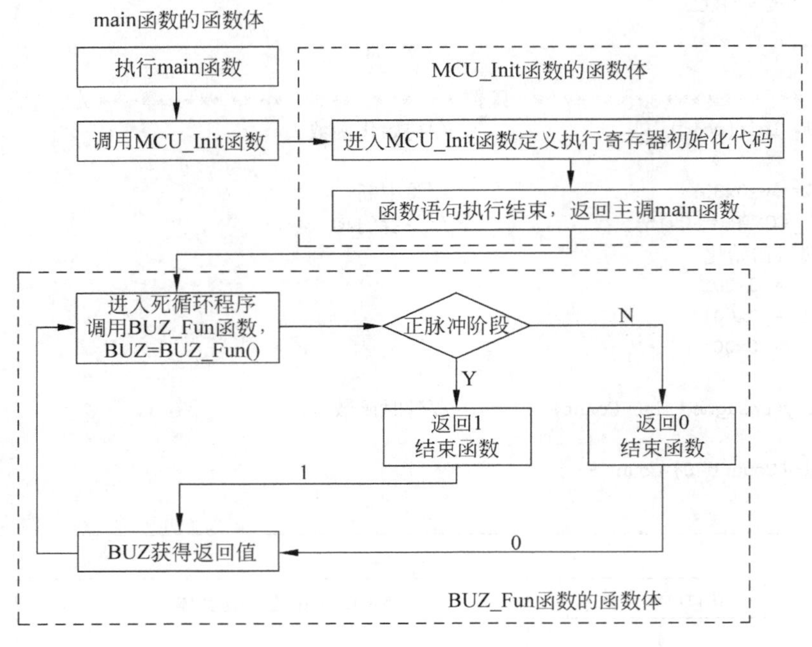

图 1-21　有返回值函数执行过程

```
/**************************** 头文件区域 ***************************/
#include <STC15.H>
#include <intrins.h>
/************************* 常量定义区域 *************************/
#define BUZ P30
/************************* 变量定义区域 ***************************/
unsigned char Count_Time;
/************************* 函数申明 **************************/
void MCU_Init(void);
unsigned char BUZ_Fun();
/************************* 主函数模块 *************************/
main(void)
{
    MCU_Init();
    while(1)
    {
        BUZ = BUZ_Fun();
    }
}
/************************* 函数定义 **************************/
void MCU_Init(void)                    //初始化函数
{
    IE &= ~0x80;                       //关中断
```

```
    WDT_CONTR = 0x15;        //关看门狗
    //端口初始化
    P3M0 = 0x00;
    P3M1 = 0x00;
    P3   = 0x00;
}
unsigned char BUZ_Fun()      //蜂鸣器函数
{
   Count_Time++;
   if(Count_Time<127)
       return 0;
   else return 1;
}
```

1.4.3　中断函数

中断

中断是CPU在执行一个程序时，对系统发生的某个事件（程序自身或外界的原因）做出的一种反应：CPU暂停正在执行的程序，保留现场后自动转去处理相应的事件，处理完该事件后，到适当的时候返回断点，继续完成被打断的程序。

单片机的中断服务程序是用中断函数来实现的。使用中断函数无需申明无需调用，只要满足了中断条件即可进入中断函数执行函数体。中断函数既没有入口参数也没有返回值。不同单片机的中断函数书写方法不同，以下为STC15W系列芯片的中断函数的定义方式：

```
void 函数名() interrupt 中断号
```

使用interrupt关键字申明这是一个中断函数，使用中断号则说明了中断类型，如中断号为0，则为定时器0溢出中断。

如下所示为定时器中断程序代码，在初始化函数中先进行定时器相关寄存器设置，然后满足中断条件即可进入定时器中断，中断的频率为8kHz，使用定时器中断完成了4kHz脉冲驱动蜂鸣器工作。在STC-ISP软件中，可通过设置中断条件，得到定时器相关寄存器的设置的源代码。

```
/****************************** 头文件区域 ****************************/
#include<STC15.H>
#include<intrins.h>
/************************ 常量定义区域 *************************/
#define  BUZ P30
#define  FOSC  18432000L
#define  T8KHZ  (0xFFFF-FOSC/12/8000)
/************************** 变量定义区域 ***************************/
unsigned char Count_Time;
/************************** 函数申明 **************************/
void MCU_Init(void);
```

```
/************************** 主函数模块 **************************/
main(void)
{
    MCU_Init();
    while(1)
    {
    }
}
/*************************************************************
************************** 函数 **************************/
void MCU_Init(void)
{
    IE &= ~0x80;                        //关中断
    WDT_CONTR = 0x15;                   //关看门狗
    //端口初始化
    P3M0 = 0xFD;
    P3M1 = 0x00;
    P3   = 0x3E;
    //定时器 0 初始化
    AUXR &= ~0x80;                      // 定时器 0 为 12T 模式
    TMOD = 0x00;                        // 模式 0,16 位自动重载
    TL0 = 0x40;                         //设置定时初值
    TH0 = 0xFF;                         //设置定时初值
    TR0 = 1;                            // 开始计时
    ET0 = 1;                            // Enable Timer0 interrupt
    IE |=  0x80;                        //开关中断
}
void INT_Timer0() interrupt 1           //中断函数
{
     BUZ = !BUZ;
}
```

中断程序的开发应当满足必要性原则，由于中断事件要中断主程序事件的执行，而独占 CPU，因此中断程序只能用于处理紧迫、关键的事件，而中断函数的执行时间也应越短越好，以满足主程序的正常运行。

实操练习 11：开发定时器溢出中断程序，建立系统的 2ms、200ms、1s 平台，并使得蜂鸣器鸣叫一秒后停止鸣叫。

1.4.4 变量的作用域和生存期

C 语言从两个方面控制变量的性质：作用域和生存期。作用域是指可以存取变量的代码范围，生存期是指可以存取变量的时间范围。

作用域有三种：

(1) extern（外部的） 这是在函数外部定义的变量的默认存储方式。extern 变量的

作用域是整个程序。其定义形式为“extern int i;”。

（2）static（静态的）　在函数外部说明为 static 的变量的作用域为从定义点到该文件尾部；在函数内部说明为 static 的变量的作用域为从定义点到该局部程序块尾部。其定义形式为“static int i;”。

（3）auto（自动的）　这是在函数内部说明的变量的默认存储方式。auto 变量的作用域为从定义点到该局部程序块尾部。

单片机 C 语言变量的生存期主要有两种：

（1）第一种是 extern 和 static 变量的生存期，它从 main（）函数被调用之前开始，到程序退出时为止。

（2）第二种是函数参数和 auto 变量的生存期，它从函数调用时开始，到函数返回时为止。

1.4.5　数组

在程序设计中，为了处理方便，把具有相同类型的若干变量按有序的形式组织起来。这些按序排列的同类数据元素的集合称为数组。一个数组可以分解为多个数组元素，这些数组元素可以是基本数据类型或是构造类型。因此按数组元素的类型不同，数组又可分为数值数组、字符数组、指针数组、结构数组等各种类别。

在 C 语言中使用数组必须先进行定义。

一维数组的定义方式为：

```
类型说明符数组名[常量表达式];
```

数组

其中：类型说明符是任一种基本数据类型或构造数据类型；数组名是用户定义的数组标识符；方括号中的常量表达式表示数据元素的个数，也称为数组的长度。

例如：unsigned char a [10];　　　说明字节数组 a，有 10 个元素。

对于数组类型说明应注意以下几点：

① 数组的类型实际上是指数组元素的取值类型。对于同一个数组，其所有元素的数据类型都是相同的。

② 数组名不能与其他变量名相同。

③ 方括号中常量表达式表示数组元素的个数，如 a [5] 表示数组 a 有 5 个元素。但是其下标从 0 开始计算。因此 5 个元素分别为 a [0]，a [1]，a [2]，a [3]，a [4]。

数组元素是组成数组的基本单元。数组元素也是一种变量，其标识方法为数组名后跟一个下标。下标表示了元素在数组中的顺序号。

数组元素的一般形式为：

```
数组名[下标]
```

例如：a [5] a [i+j] a [i++] 都是合法的数组元素。

数组元素通常也称为下标变量。必须先定义数组，才能使用下标变量。在 C 语言中只能逐个地使用下标变量，而不能一次引用整个数组。

给数组赋值的方法除了用赋值语句对数组元素逐个赋值外，还可采用初始化赋值和动态赋值的方法。数组初始化赋值是指在数组定义时给数组元素赋予初值。数组初始化是在编译阶段进行的。这样将减少运行时间，提高效率。

初始化赋值的一般形式为：

```
类型说明符数组名[常量表达式] = {值,值……值};
```

其中，在｛｝中的各数据值即为各元素的初值，各值之间用逗号间隔。

例如：

```
unsigned char a[10] = { 0,1,2,3,4,5,6,7,8,9 };
相当于 a[0] = 0;a[1] = 1; …; a[9] = 9;
```

C 语言对数组的初始化赋值还有以下几点规定：

① 可以只给部分元素赋初值。

当｛｝中值的个数少于元素个数时，只给前面部分元素赋值。

例如：

```
unsigned char a[10] = {0,1,2,3,4};
```

表示只给 a［0］～a［4］5 个元素赋值，而后 5 个元素自动赋 0 值。

② 只能给元素逐个赋值，不能给数组整体赋值。

例如给十个元素全部赋 1 值，只能写为：

```
unsigned char a[10] = {1,1,1,1,1,1,1,1,1,1};
```

而不能写为：

```
unsigned char a[10] = 1;
```

③ 如给全部元素赋值，则在数组说明中，可以不给出数组元素的个数。

例如：

```
unsigned char a[5] = {1,2,3,4,5};
```

可写为：

```
unsigned char a[ ] = {1,2,3,4,5};
```

也可以定义常数数组：

```
unsigned char const adscrset[2] = {0x24,0x23};
```

非常数数组都存储在 RAM（变量）区，常数数组将会存储在 ROM 区，ROM 区比 RAM 区的空间要大很多，因此如果使用的数组为元素固定不变的数组最好定义为常数数组。

1.4.6 LED 显示程序开发

LED 的显示方式是单片机控制器最常采用的一种显示方式。在单片机的应用系统中，显示常采用两种方法：静态显示和动态扫描显示。

(1) 静态显示

LED 静态驱动电路如图 1-22 所示，电路可以采用共阴接法，将所有 LED 的阴极相

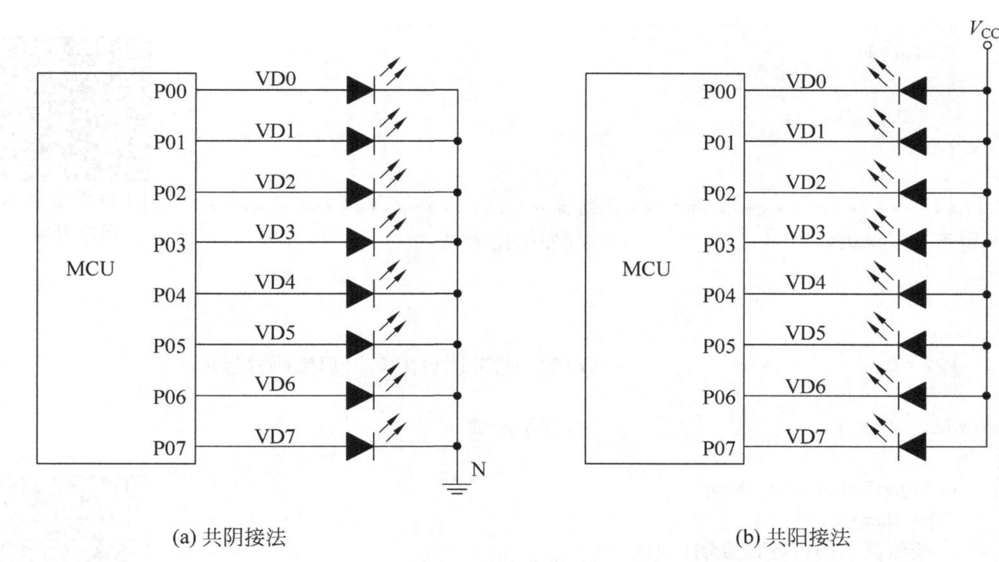

(a) 共阴接法　　(b) 共阳接法

图 1-22　LED 静态驱动电路

连，阳极分别接在单片机驱动管脚上，当需要显示某个单元时，只需相应管脚输出高电平即可点亮。共阳接法是将 LED 的阳极相连，对其显示原理不再赘述。

静态驱动的显示程序开发相对比较容易，只要在需要改变显示内容时改变端口电平。以附录 A 所示的控制器为例，LED 和数码管显示采取共阴接法，若只做数码管显示而不做 LED 灯显示，则只要输出低电平到数码管共阴接口，就可以作为静态驱动显示。以下为数码管显示程序。P03 的第六、七位连接到了笔段 Seg4 和 Seg5，P4 的第二、三、四、五位连接到了 Seg6、7、8、3，P5 的第四、五位连接到了 Seg2、1。首先将 P03、P04、P05 端口显示 0～9 时对应的端口信息存入表中，如表 P3 第六、七位连接到了 Seg4 和 Seg5，则 Dig _ Seg3 的第 N 个元素为显示 N 时 P03 第六、七位的端口电平。

在主循环中将执行显示子函数，显示子函数根据要显示的内容 Dsp _ Num（程序设置为 3），则通过表 Dig _ Seg3、Dig _ Seg4、Dig _ Seg5 可以查询到 P03、P04、P05 端口应当设置的端口状态，则将原端口的笔段相应位清零（如 P03 & ～0xC0，清了 P03 的六、七位），再置为查表所得状态。

```
......
//数码管阳极电平设置
unsigned char const Dig _ Seg3[ ] = {0xC0,0x00,0xC0,0x40, 0x00,    // 0 1 2 3 4
                                     0x40,0xC0,0x00, 0xC0,0x40};    // 5 6 7 8 9
unsigned char const Dig _ Seg4[ ] = {0x22,0x20,0x04,0x24, 0x26,
                                    0x26,0x26,0x20,  0x26,0x26};
unsigned char const Dig _ Seg5[ ] = {0x30,0x10,0x30,0x30, 0x10,
                                     0x20,0x20,0x30,   0x30,0x30};
........
/************************* 主函数模块 *************************/
main(void)
{
    MCU _ Init();
```

```
    while(1)
    {
        Dsp_Set();
    }
}
/************************** 函数 **************************/
void MCU_Init(void)                   //初始化函数
{
    ………
    ………
    P32 = 0;                          //数码管共阴设为0,开启数码管显示
}
void Dsp_Set()                        //显示函数
{
    unsigned char Dsp_Num;
    Dsp_Num = 3;
    //按照显示的内容设置端口电平
    P3 = (P3 & ~0xC0) | Dig_Seg3[Dsp_Num];
    P4 = (P4 & ~0x36) | Dig_Seg4[Dsp_Num];
    P5 = (P5 & ~0x30) | Dig_Seg5[Dsp_Num];
}
```

LED静态显示程序开发

LED动态显示模块开发

实操练习12： 开发显示0～9秒的数码管显示程序。

(2) 动态显示

由于静态显示占用的I/O口线较多，为了节省单片机的I/O口线，常采用动态扫描方式来作为LED、数码管的接口电路，如图1-23所示为LED动态扫描显示电路。显示中将8个LED（如L1～L8）划为一组显示单位，图中三组LED和1位数码管共四组显示单元。每组显示单元的公共极COM端与各自独立的I/O口连接。若公共级为阳极则为共阳显示否则为共阴显示。每组显示单元有SEG1到SEG8八个位段，相同编码的位段的阳极连接在一起。当向字段输出口送出驱动电平时，所有显示单元接收到相同的驱动信号，但究竟是那个显示单元亮，则取决于COM端口电平。为了实现每个显示单元能准确显示，采用分时的方法轮流控制各个显示单元的COM端，使各个显示单元每隔一段时间点亮一次。

动态显示时，对扫描的频率有一定的要求，频率太低，LED将出现闪烁现象。如频率太高，由于每个LED点亮的时间太短，LED的亮度太低，肉眼无法看清，所以一般均取几个ms为宜。在编写程序时，选通某一位LED使其点亮并保持一定的时间，程序上常采用的是调用延时子程序或者在固定间隔时间内换片选，公共端扫描的速度愈快亮度均匀性愈佳，最好在200Hz以上。由于延时子程序会浪费CPU运作的时间，而且无法实现固定频率的扫描，所以阳极扫描程序最好由定时器生成固定间隔时间（如2ms），在时间平台中完成扫描动作。

综上，动态扫描程序涉及到频繁的I/O端口操作，为了简化问题，显示程序应围绕两个子问题开发：显示什么、怎么显示。因此显示程序的编写可以分为两个层次，一是高层管理程序决定显示的内容，该程序在主循环中调用；二是底层管理程序处理与显示相关

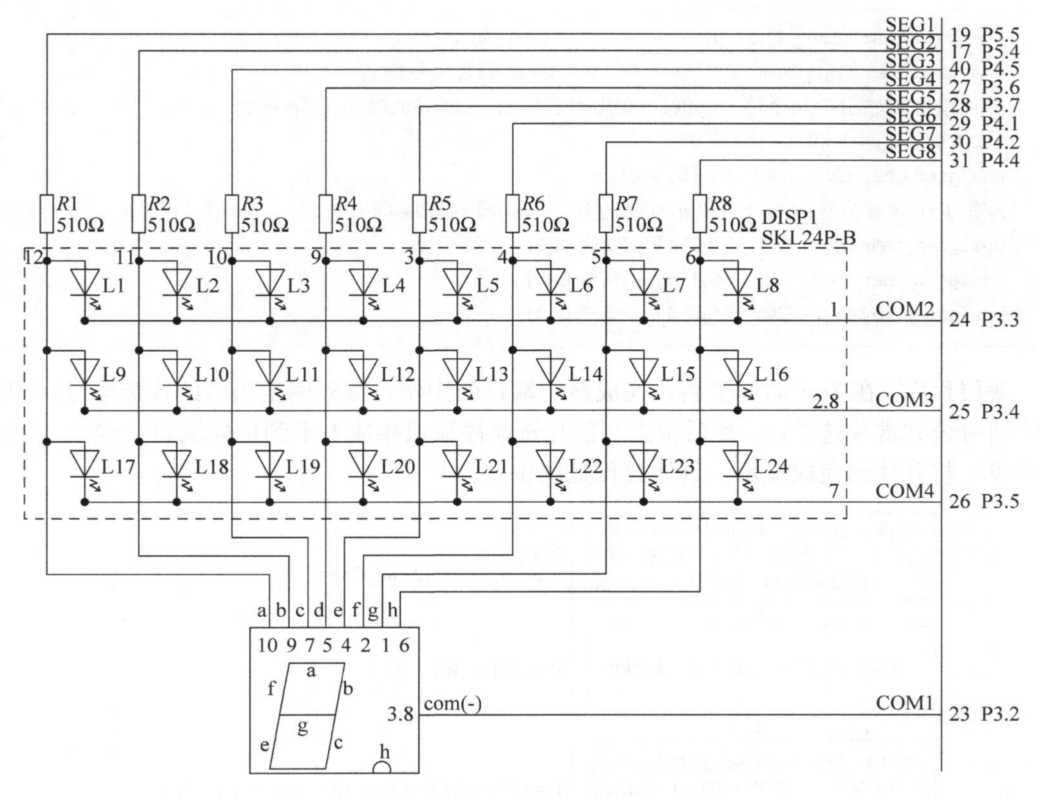

图 1-23　LED 动态显示电路图

端口的状态，更换 COM 端口，然后依据切换的显示单元，重新输出位段电平。以下针附录 A 所示的控制器讲解显示程序的开发。

变量及数组定义：

```
//数码管显示段码表显示 0～9 时 P3,P4,P5 对应位段应设置的电平
unsigned char const Dig_Seg3[] = {0xC0,0x00,0xC0,0x40,
x00,0x40,0xC0,0x00, 0xC0,0x40};
unsigned char const Dig_Seg4[] = {0x22,0x20,0x04,0x24,
                                  0x26,0x26,0x26,0x20,  0x26,0x26};
unsigned char const Dig_Seg5[] = {0x30,0x10,0x30,0x30,
                                  0x10,0x20,0x20,0x30,  0x30,0x30};
//LED 显示段码表第 0 个元素为不显示,第 N 个元素为显示 SEGN 时对应位段应设置的电平

unsigned char const LED_Seg3[] = {0x00,0x00,0x00,0x00,0x40,   // 0 1 2 3 4
                                     0x80,0x00,0x00,0x00};    // 5 6 7 8
unsigned char const LED_Seg4[] = {0x00,0x00,0x00,0x20,0x00,
                                     0x00,0x02,0x04,0x10};
unsigned char const LED_Seg5[] = {0x00,0x20,0x10,0x00,0x00,
                                     0x00,0x00,0x00,0x00};
//片选端口设置表,第 N 个元素为显示第 N 个单元时 P32 - P35 应取低电平的管脚
unsigned char const Dsp_Com[] = {0x04,0x08,0x10,0x20};
```

```
unsigned char Scan_Cnt = 0;                    //片选编号
unsigned char Dsp_Num = 0;                     //数码管显示内容
//三组各要显示第几个灯  00000000 代表不显示  000000001 显示第一个  00000010 显示第二个
00000011 显示 1 和 2…
unsigned char LED_Seg[3] = {0,0,0};
//第 N 个元素为显示第 N 个单元时要送至 P3、P4、P5 位段端口电平
unsigned char Dsp_LED_Seg3[4] = {0,0,0,0};
unsigned char Dsp_LED_Seg4[4] = {0,0,0,0};
unsigned char Dsp_LED_Seg5[4] = {0,0,0,0};
```

底层程序：在 2ms 时间平台，完成显示端口的操作，首先确定当前的片选编号，确定后将所有公共端片选关闭；然后根据当前片选顺序输出相应电平到位段端口，输出位段信息结束，打开片选完成显示。具体过程见图 1-24。

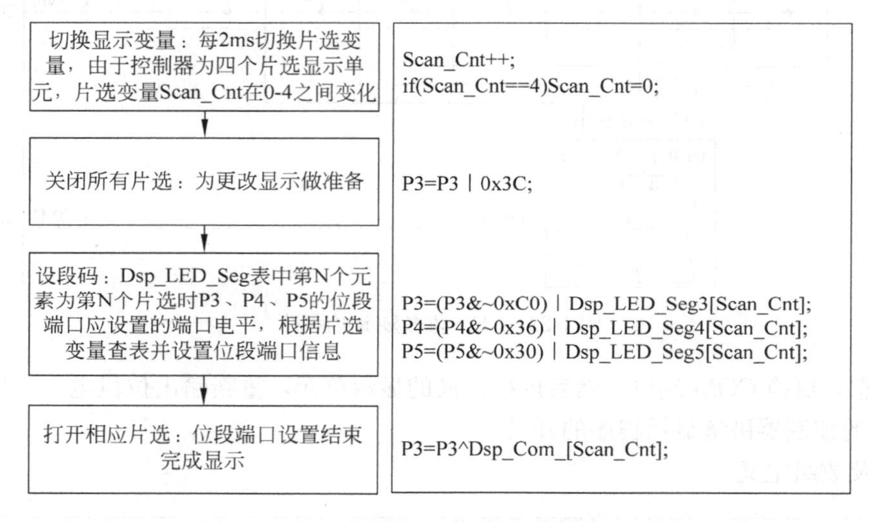

图 1-24　底层程序流程及代码

为了程序管理的方便，更换片选的公共端口信息从 Dsp_Com 表中查询而来，而显示单元共有 4 个，每个单元显示段码的信息存放在 Dsp_LED_Seg 数组中，该数组第 N 个元素即为第 N 个显示端口应送去位段端口的信息。又因为涉及的端口在 P3、P4、P5 的端口中，所以每组端口用一个数组来管理。这样在底层程序，仅仅处理输出端口的电平，具体到每个单元应当显示什么内容，即 Dsp_LED_Seg 数组的元素究竟如何取值，则由上层程序完成。

高层程序：使用 Dsp_Set 函数完成显示内容的确定，该函数在主循环当中调用。程序运行的目的是确定 Dsp_LED_Seg 数组的元素。具体为：根据数码管显示的内容确定第一个显示单元的 Dsp_LED_Seg3 [0]、Dsp_LED_Seg4 [0]、Dsp_LED_Seg5 [0] 数值，根据第 N 组 LED 显示单元，确定 Dsp_LED_Seg3 [N]、Dsp_LED_Seg4 [N]、Dsp_LED_Seg5 [N] 数值。流程图及代码见图 1-25。

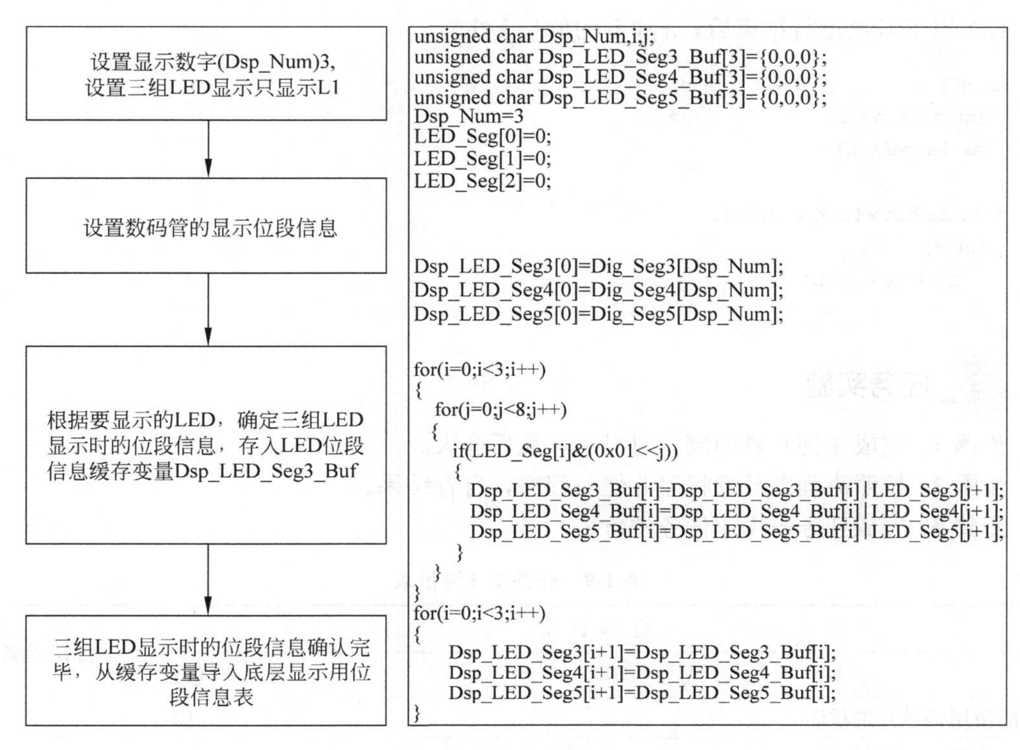

图 1-25　高层显示程序流程及代码

1.4.7　思考与练习

（1）下载 STC15W 系列单片机资料，查看定时器相关寄存器的位定义，解释为何采用如下代码，可使得定时器 0 发生 8kHz 的溢出中断。

```
AUXR &= ~0x80;              // 定时器 0 为 12T 模式
TMOD = 0x00;                // 模式 0,16 位自动重载
TL0 = 0x40;                 //设置定时初值
TH0 = 0xFF;                 //设置定时初值
TR0 = 1;                    // 开始计时
ET0 = 1;                    // Enable Timer0 interrupt
```

（2）以下函数运行结束后，c 的值是多少？

```
main()
{ int a=3,b=5;
  int c;
  c=min(a,b);
}
int min(int x,int y);
{ int z;
  z=x<y?x:y;
  return(z);
  }
```

（3）以下函数运行结束后，a 和 b 的值是多少？

```
main()
{ int a = 3,b = 5;
  exchange(a,b);
}
void exchange(int x,int y);
{ int z;
    Z = a; a = b; b = Z;
  }
```

任务实施

步骤 1： 完成 9 到 0 秒的倒计时显示，最后全灭。

步骤 2： 按照流程图开发程序并烧写程序，自查结果。

步骤 3： 完成任务表 1.4 任务评价表。

表 1-9　任务 1.4 评价表

自 查 评 分		自评成绩
内　容	总分	
1. 能使用函数开发程序	10	
2. 能使用中断函数开发程序	10	
3. 对于编译错误能找到错误代码并改正	10	
4. 完成任务要求结果：完成 9 到 0 秒的倒计时显示，最后全灭。	70	
总　分		
任务小结（完成情况、薄弱环节分析及改进措施）：		
教师评价：		

任务 1.5　自检程序开发

任务要求：上电执行自检程序，实现 L1～L24 跑马灯程序，每个 LED 点亮时间为 200ms，同时数码管以 200ms 的频率轮流显示 1～9，当按下按键后结束自检程序的执行，所有显示单元关闭。完成该任务所需的能力及学习顺序如图 1-26 所示。

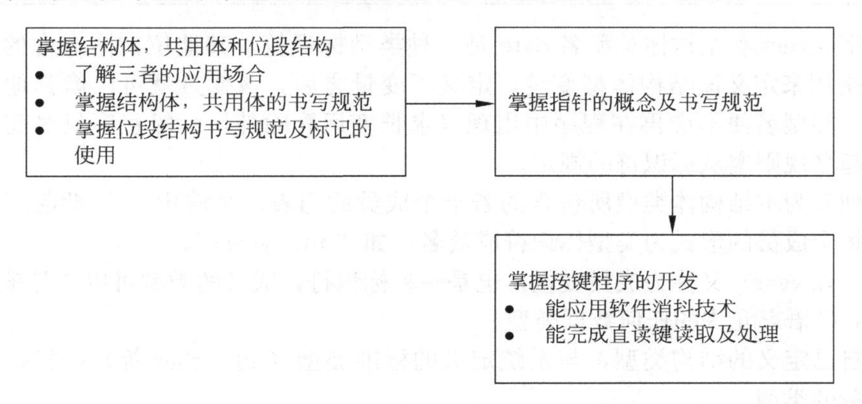

图 1-26　完成任务所需的能力及学习顺序

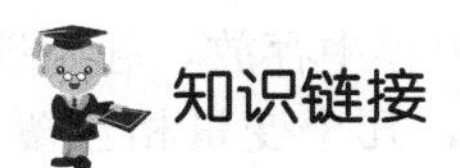

结构体、共用体和位段结构

1.5.1　结构体、共用体和位段结构

(1) 结构体

数组将若干具有共同类型特征的数据组合在了一起。然而，在实际处理中，待处理的信息往往是由多种类型组成的。如有关学生的数据，不仅有学习成绩，还应包括诸如学号（长整型）、姓名（字符串类型）、性别（字符型）、出生日期（字符串型）等。再如编写工人管理程序时，所处理对象——工人的信息类似于学生，只是将学习成绩换成工资。就目前所学知识，我们只能将各个项定义成互相独立的简单变量或数组，无法反映它们之间的内在联系。应该有一种新的类型，就像数组将多个同类型数据组合在一起一样，能将这些具有内在联系的不同类型的数据组合在一起，C 语言提供了“结构体”类型来完成这一任务。结构体采用如下格式定义：

```
struct  结构类型名            /* struct 是结构类型关键字 */
{
      成员列表
};                            /* 此行分号不能少! */
```

如下为结构体的使用实例：

```
struct  date                    //结构体定义
{
    int  year;
    int  month;
    int  day;
};
struct date today;              //结构体变量定义
//结构体成员赋值
today.year = 2015;
today.month = 7;
today.day = 25;
```

关键字 struct 和结构体类型名 date 是一种类型标识符，其地位如同通常的 unsigned char 等，是用来定义该结构体型变量，定义了变量之后，该变量就可以像其他变量一样的使用了，类型名便不应再在程序中出现（求长度运算除外，一般程序只对变量操作）。类型名的起名规则遵从标识符的规定。

成员列表为本结构体类型所包含的若干个成员的列表，必需用｛｝括起来，并以分号结束。每个成员的形式为类型标识符成员名，如“int year;”。

成员（如 year）又称为成员变量，也是一种标识符，成员的类型可以是除该结构体类型自身外，C 语言允许的任何数据类型。

用户自己定义的结构类型，与系统定义的标准类型（int、char 等）一样，可用来定义结构变量的类型。

（2）共用体

共同体的定义类似结构体，不过共同体的所有成员都在同一段内存中存放，起始地址一样，并且同一时刻只能使用其中的一个成员变量，使用覆盖技术，几个变量相互覆盖，从而使几个不同变量共占同一段内存的结构，成为共同体类型的结构。共同体的定义类似结构体，不过共同体的所有成员都在同一段内存中存放，起始地址一样，并且同一时刻只能使用其中的一个成员变量。

共用体的定义方式如下：

```
union 共用体名
{
    成员表列
};
```

如下为共用体的使用实例：

```
union variant                   //定义一个共用体类型,该类型数据占用 4 个字节
{
 char c;                        // 字符型成员
 int i;                         //整型成员
};
union variant x;                // 定义共用体变量
//共用体成员赋值
x.c = 2;
x.i = 200;                      //i 将会覆盖 c 的数值
```

(3) 位段结构

C 语言中可以使用位段结构体进行二进制位的定义，其定义格式如下所示：

```
struct  [位段结构原型名]
{
    整型说明符 [位段名]: 位宽;
      [整型说明符 [位段名]: 位宽; ]
}标识符[ = {初始值,初始值,…}];
```

例如对于一个字节 TimeFlg，可以将其各个二进制位单独定义，如下所示：

```
struct
{
  unsiged char rmtkey          :1;      //遥控标记
  unsiged char                 :1;
  unsiged char beep            :1;      //蜂鸣标记
  unsiged char scankey         :1;      //按键扫描标记
  unsiged char secflg          :1;      //秒标记
  unsiged char                 :3;
}TimeFlg = {0,0,0,0,0};
```

如果想对其中某个位进行操作，则可以通过“结构名 . 位名”的方式来调用该位，如 TimeFlg. beep，同时可以对该位进行赋值 TimeFlg. beep＝1，而且值只能为 1 或 0。

实操练习 13：使用位段结构定义蜂鸣标记，当标记置 1 时需响 250ms 蜂鸣。

1.5.2　指针

指针

(1) 变量的指针与指针变量

变量的指针就是变量地址。指针变量是一种特殊类型的变量，它是用于专门存放地址的。指针变量的定义形式为：

```
数据类型    *指针变量名;
```

指针变量前的“ * ”，表示该变量的类型为指针型变量，“ * ”后的才是指针变量名。在定义指针变量时必须指定数据类型。

指针变量的引用：指针变量只能存放地址，不要将一个整型量（或其他任何非地址类型的数据）赋值给一个指针变量。

例如：unsigned char * a;

a 此时作为一个指针，它的值是一个内存地址，其指向的变量是个单字节变量。

(2) 两个相关运算符

与指针相关的运算符有取地址和指针运算符。

&：取地址运算符，可以获取某个变量的地址。

 * ：指针运算符，获取某个指针变量所值向的变量的值。

下面是关于 & 和 * 运算符的说明：假设已执行 pointer _ 1＝&a;

① & * pointer _ 1 含义是什么？

& * pointer _ 1 与 &a 相同，即变量 a 的地址。

② * &a 的含义是什么？

先进行 &a 运算，得 a 的地址，再进行 * 运算。* &a、* pointer _ 1 及变量 a 等价。

③（* pointer _ 1）+ +相当于 a + +。

④ * pointer _ 1 + +等价于 *（pointer _ 1 + +），即先进行 * 运算，得到 a 的值，然后使 pointer _ 1 的值改变，这样 pointer _ 1 不再指向 a 了。

(3) 指针变量作为函数参数

函数的参数不仅可以是整型、实型、字符型等数据，还可以是指针类型，它的作用是将一个变量的地址传送到另一个函数中。如果函数的形参不是指针型变量，则称为值传递的参数。如定义了如下函数：

```
void max(unsigned char a, unsigned char b)
{
  unsigned char t;
  if (a>b)
  {
     t=a;
     a=b;
     b=a;
  }
}
```

调用时，使用语句：

```
x=5;y=4;
max(x,y);
```

函数调用时，a 和 b 分别赋值为 5 和 4，在函数体中，经过计算 a=4 b=5，但是由于函数调用结束 a 和 b 所占的内存就会被收回，对于 x 和 y 的值无任何影响，其值仍旧为 5 和 4，此时若要求对 x 和 y 的值也有所改变则要使用地址传递参数的方法。函数可定义如下：

```
void max(unsigned char *a, unsigned char *b)
{
  unsigned char *t;
  if (*a>*b)
  {
     *t= *a;
     *a= *b;
     *b= *a;
  }
}

调用时：
x=5;y=4;
max(&x,&y);
```

函数调用时，是将 x 和 y 的地址传递给 a 和 b，然后将 a 地址的变量（x）和 b 地址的变量（y）交换，因此函数执行完，将会得到 x=4，y=5。

（4）数组指针

数组的指针是指数组的起始地址，数组元素的指针是数组元素的地址。引用数组元素可以用下标法（如 a [3]），也可以用指针法，即通过指向数组元素的指针找到所需的元素。使用指针法能使目标程序质量高（占内存少、运行速度快）。因此若有数组为

```
unsigned char  a[10];
```

则 a 为指向数组的指针，同时也是第一个数组元素的地址，因此 *（a+3）为第三个数组元素的值。

实操练习 14：使用指针访问显示相关的数组。

1.5.3 按键类别及识别原理

大多数微控制器控制的家电产品中都有人机界面进行人机交互，按键是人机界面的重要组成部分，通过按键，用户可以设定家电产品的工作状态，使之执行的对应功能。因此学习按键的软硬件设计对于控制器开发人员非常重要。

（1）普通按键识别的原理

控制器一般使用由机械触点构成的触点式微动开关。这种开关具有结构简单、使用可靠的优点，但当我们按下按键或释放按键的时候它有一个特点，就是会产生抖动。如图 1-27 所示为按键脉冲时序图，这种抖动对于人来说是感觉不到的，但对单片机来说，则是完全可以感应到的，因为计算机处理的速度是在微秒级的，而机械抖动的时间至少是毫秒级，对计算机而言，这已是一个很“漫长”的过程了。

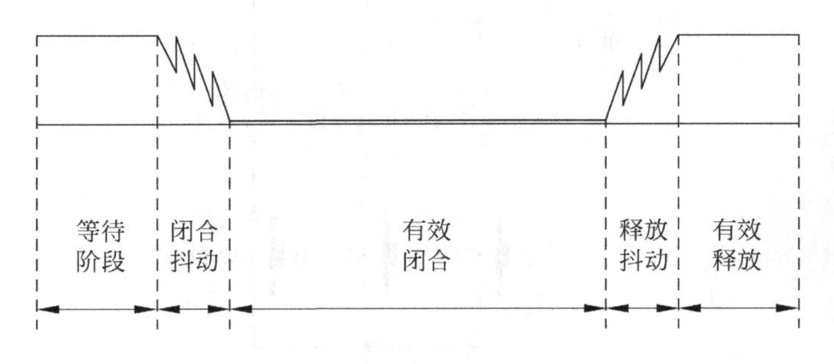

按键模块开发

图 1-27 按键脉冲时序图

以按键时 I/O 端口为低电平为例，按下并抬起按键的过程可以分为如图 1-27 所示的 5 个阶段。

① 等待阶段：此时按键尚未按下，处于空闲阶段。

② 闭合抖动阶段：此时按键刚刚按下，但信号还处于抖动状态，这个延时时间为 4～20ms。

③ 有效闭合阶段：此时抖动已经结束，一个有效的按键动作已经产生。系统应该在此时执行按键功能；或将按键所对应的编号（简称“键号”或“键值”）记录下来，待按

键释放时再执行。

④ 释放抖动阶段：同闭合抖动阶段。

⑤ 有效释放阶段：如果按键是采用释放后再执行功能，则可以在这个阶段进行相关处理。处理完成后转到阶段 1；如果按键是采用闭合时立即执行功能，则在这个阶段可以直接切换到阶段 1。

为了能够读取到按键的真正状态，需要去除由于抖动带来的错误读键。常用的去抖动的方法有两种：硬件方法和软件方法。

硬件去抖动的方法很多，也可以通过硬件防抖动来解决，这样成本会高一些。单片机中常用软件去抖动法，需要经过延时或者是多次读键，等稳定后再去取键值。在单片机获得端口为低电平的信息后，不是立即认定按键已被按下，而是延时 10ms 或更长一些时间后再次检测该端口，如果仍为低，说明此键的确被按下了，这实际上是避开了按键按下时的抖动时间；而在检测到按键释放后（端口为高电平时）再延时 5～10ms，消除后沿的抖动，然后再对按键进行处理。

完成读键后，用户的按键处理方式按照处理的阶段可以分为按键闭合时处理和按键释放后处理。

（2）按键连接方式分类

键盘一般由若干个按键组合成开关矩阵，按照其接线方式的不同可分为两种：一种是独立式接法（见图 1-28），一种是矩阵式接法（见图 1-29）。

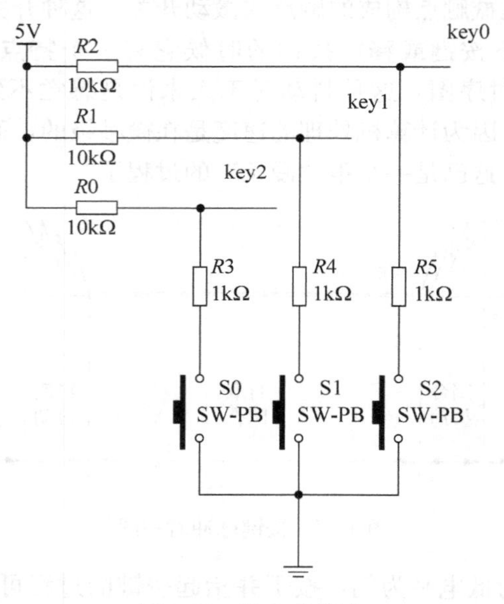

图 1-28　独立式接法

① 独立式键盘的连接方法和工作原理。

独立式键盘具有结构简单、使用灵活等特点，因此被广泛应用于单片机系统中。

独立式键盘是由若干个机械触点开关构成的，把它与单片机的 I/O 口连起来，通过读 I/O 口的电平状态和消抖处理，识别出相应的按键是否被按下。如图 1-28 所示，如果按键不被按下，其端口读取高电平；如果相应的按键被按下，则端口就读取到低电平。在

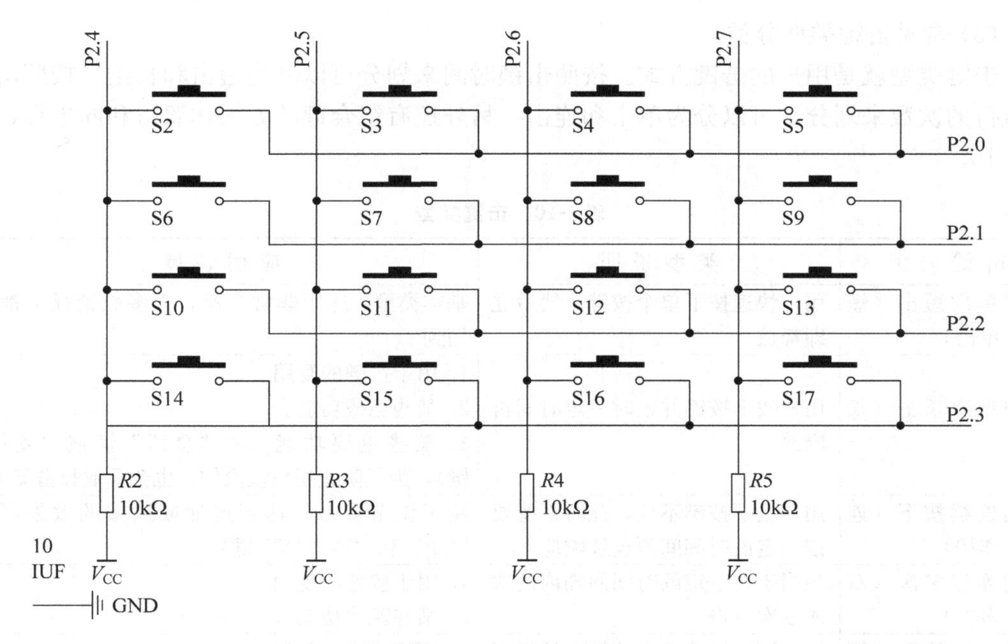

图 1-29　矩阵式接法

这种键盘的连接方法中，我们通常采用上拉电阻接法，即各按键开关一端接低电平，另一端接单片机 I/O 口线并通过上拉电阻与 V_{CC}相连，如图 1-29 所示。这是为了保证在按键断开时，各 I/O 口能够读取到高电平，当然，如果端口内部已经有上拉电阻，则外电路的上拉电阻可以省去，图 1-28 所示单片机的内部设置了上拉电阻，因此外部电路中可以省去上拉电阻电路设计。

② 矩阵式键盘的连接方法和工作原理。

当键盘中按键数量较多时，为了减少 I/O 端口的占用，通常将按键排列成矩阵形式，如图 5-4 所示。在矩阵式键盘中，每条水平线和垂直线在交叉处不直接连通，而是通过一个按键加以连接。通过这样的处理方式，一个并行口可以构成 4＊4＝16 个按键，比直接将端口用于键盘多出了一倍，而且线数越多，其设计的优势越加明显。比如再多加一个端口就可以构成 20 键的键盘，而采用独立式键盘设计只能多出一个键。由此可见，在需要的按键数量比较多时，采用矩阵法连接键盘是非常合理的。

如图 1-29，键盘接到单片机通过 4 根输出线，4 根输入线。

P2.0～P2.3 为输出端口，进行片选扫描；P2.4～P2.7 为输入端口，做读取按键使用，读键时依次输出片选信号低电平，读取 P2.4～P2.7 的状态，当某一个按键按下时 P2.4～P2.7 中至少有一个端口为低电平，根据片选信号与端口信号的组合可以判别按下的按键。

③ 两种按键设计方式比较。

从设计上来看，当键盘使用的按键个数超过 6 个时，使用矩阵式按键比使用独立式按键更加节省单片机 I/O 管脚的资源，从而达到降低开发成本的目的。但是对于程序内部，矩阵式按键需要更为复杂的程序处理过程，虽然节省了外部管脚资源，但是会占用一定的内存资源。

（3）常见击键类型分类

击键类型就是用户的击键方式。按照击键时间来划分可以分为短击和长击，按照击键后执行的次数来划分，可以分为单击和连击，另外还有组合键的方法如双击和同击等，见表 1-10。

表 1-10　击键类型

击键类型	类型说明	应用领域
单键单次短击（短击、单击）	用户快速按下单个按键，然后立即释放	基本类型，应用非常广泛，大多数情况下都有用到
单键单次长击（长击）	用户按下按键并延时一定时间再释放	1. 用于按键的复用。 2. 某些隐藏功能。 3. 某些重要功能（如“总清”键或“复位”键），为了防止用户误操作，也会采取长击类型
单键连续按下（连击、连按）	用户按下按键不放，此时系统要按一定的时间间隔连续响应	用于调节参数，达到连加或连减的效果（如“UP”和“DOWN”键）
单键连按多次（双击、多击）	相当于在一定的时间间隔内两次或多次单击	1. 用于按键的复用 2. 某些隐藏功能
多键同时按下（同击、复合按键）	用户同时按下两个按键，然后再同时释放	1. 用于按键的复用 2. 某些隐藏功能
无键按下（无键、无击）	当用户在一定时间内未执行任何按键时需要执行某些特殊功能	1. 设置模式的“自动退出”功能 2. 自动进入待机或睡眠模式

针对不同的击键类型，按键响应的时机也是不同的：

① 有些类型的按键必须在按键闭合时立即响应，如长击、连击。

② 有些类型的按键则需要等到按键释放后才能执行。例如：当某个按键同时支持“短击”和“长击”时，必须等到按键释放，排除了本次击键是“长击”后，才能执行“短击”功能。

③ 有些类型必须等到按键释放后再延时一段时间，才能确认。例如：当某个按键同时支持“单击”和“双击”时，必须等到按键释放后，再延时一段时间，确信没有第二次击键动作，排除了“双击”后，才能执行“单击”功能；而对于“无击”类型的功能，也是要等到键盘停止触发一段时间后才能被响应。

（4）击键类型的识别方法

①“短击”和“长击”按键的识别：长击键和短击键经常复用处理，如时钟设定中，经常使用长击一个按键进入设定模式，短击按键进行显示的切换。当一个按键同时支持“短击”和“长击”时，二者的执行时机是不同的。一般来说，“长击”一旦被检测到就立即执行，是在按键闭合时进行处理的；而对于“短击”来说，因为当按键刚被按下时，系统无法预知本次击键的时间长度，所以，“短击”必须在释放后再执行。

其按键识别方式见图 1-30，系统中设定按键长击时间常数，当按键总时间少于该常数时判定为短击键，当按键时间高于该常数时，马上判定并执行按键，提醒用户长击键的功能实现，无须继续按键。

②“单击”和“连击”按键的识别：一般来说，“连击”和“单击”是相伴随的。事

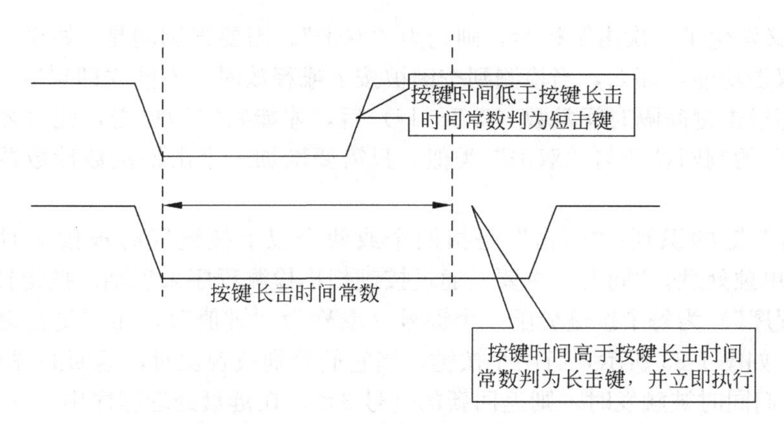

图 1-30　长击键与短击键的区分

实上，“连击”的本质就是多次“单击”。由图 1-31 可以看出，单击键及连击键都是在按键闭合时进行处理的，在进行按键消抖之后，按照按键闭合的时间长度进行单击及连击次数的判断，按键的处理在判定后立即执行。

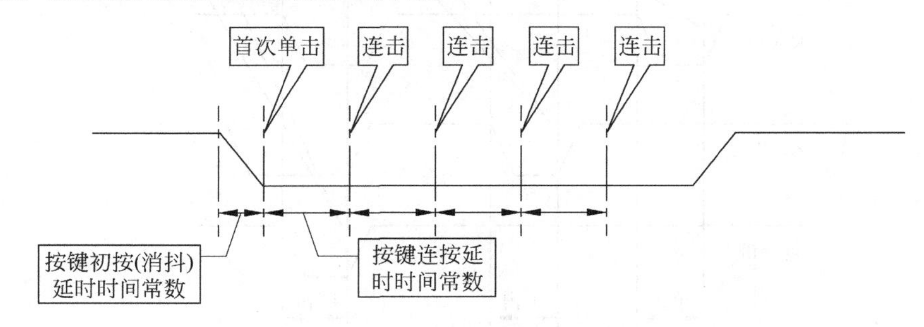

图 1-31　单击键与连击键的识别

③“双击”和“多击”按键的识别：识别“双击”的技巧，主要是判断两次击键之间的时间间隔。如图 1-32 所示，多击设置每秒最多可达 5 次击键，因此时间间隔定为0.2～1s。每次按键释放后，启动一个计数器对释放时间进行计数。如果计数时间大于击键间隔时间常数（0.2～1s），则判为“单击”。如果在计数器还没有到达击键间隔时间常数

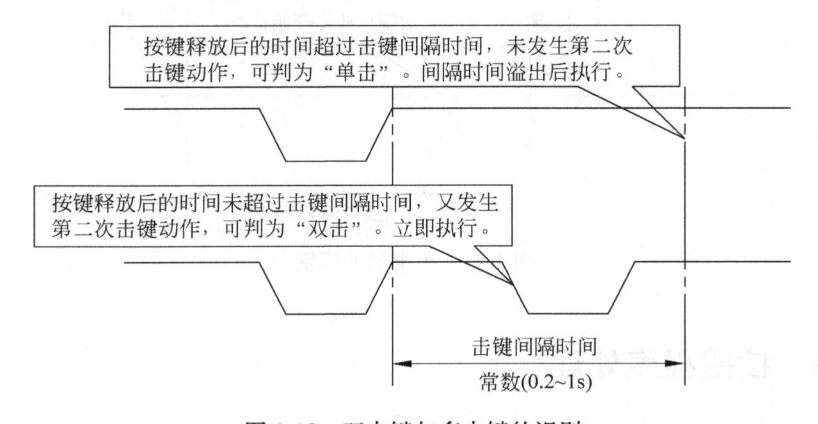

图 1-32　双击键与多击键的识别

(0.2～1s)，又发生了一次击键行为，则判为“双击”。需要强调的是：如果一个按键同时支持单击和双击功能，那么，当检测到按键被按下或释放时，不能立即响应。而是应该等待释放时间超过击键间隔时间常数（0.2～1s）后，才能判定为单击，此时才能执行单击功能。“多击”的判断技巧与“双击”类似，只需要增加一个击键次数计数器对击键进行计数。

④“同击”键的识别：“同击”是指两个或两个以上按键同时被按下时，作为一个“复合键”来单独处理。“同击”主要是通过按键扫描检测程序来识别。按键扫描程序（也称为“读键程序”）为每个按键分配一个键号（或称为“键值”），而“复合键”也会被赋予一个键号。如图1-33所示，有两个按键，当它们分别被触发时，返回的键号分别为1＃和2＃，当它们同时被触发时，则返回新的键号3＃。在键盘处理程序中，一旦收到键号，只需按不同的键号去分别处理。

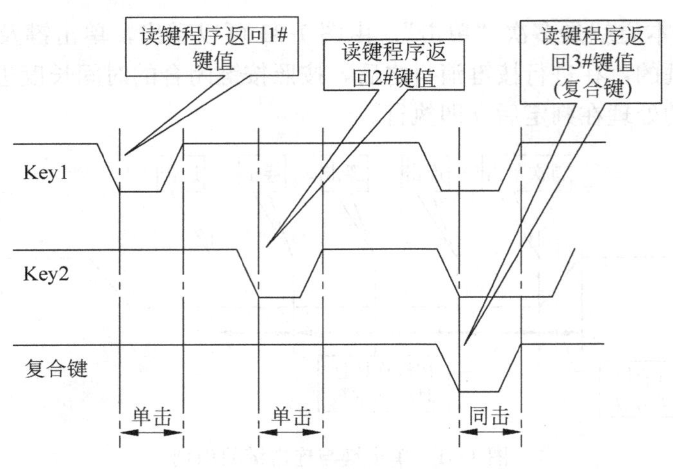

图1-33　同击键的识别

⑤“无击”键的识别：“无击”指的是当按键连续一定时间未触发后应该响应的功能。常见的应用：自动退出设置状态、自动切换到待机模式等。无键的识别参照图1-34，在按键释放后，启动计时器，当计时器的时间超过无键响应时间常数后，判为无击键。

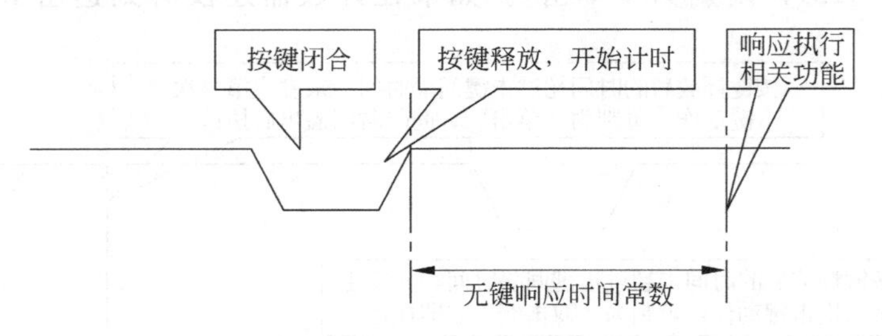

图1-34　无击键的识别

1.5.4　按键程序处理

以下为单击直读键的处理。程序主要是将端口状态读出后，做消抖处理，若发现按键状态发生变化后，才做按键的处理。

（1）读键

为了有效消抖，当发现按键端口发生变化时，应当连续多次读取端口状态，如在10ms内读取5次端口状态，若多次读取发现按键状态确实发生改变，才认定按键生效。多次读端口可以通过延时程序完成，但是延时程序将会浪费CPU的时间资源。为了提高程序工作效率，可以通过定时器溢出中断控制读键的节奏，如在2ms平台，设置按键标志，主循环体判断有按键标记时，进行读键消抖。读键程序流程图见图1-35。

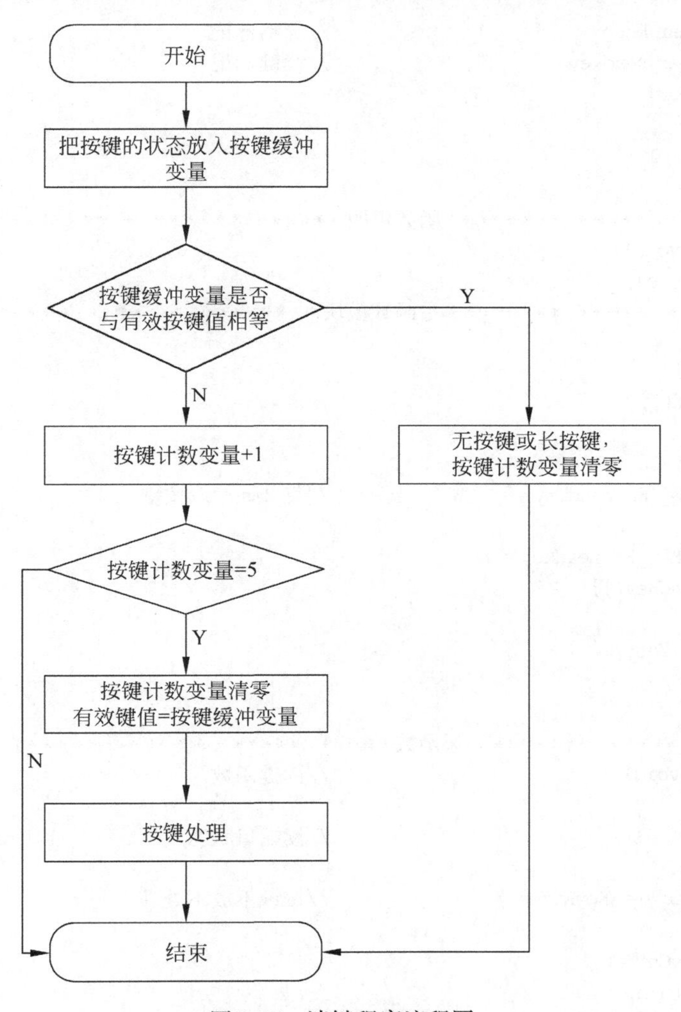

图1-35　读键程序流程图

（2）按键处理

当按键确认生效时，才进行按键的处理。一般情况下，按键处理是处理与系统运行相关的标记、变量，并不直接处理外设端口。

（3）读键实例

以下为根据附件1控制器开发的读键程序实例，控制器只使用了一个按键，该按键接在P31端口。以下程序完成按键响蜂鸣功能。读键函数完全按照图1-35所示流程图开发，按键处理函数则按照所有可能出现的按键情况处理。

```
/************************** 变量定义区域 **************************/
//按键变量定义
unsigned char KeyBuffer = 1;                    //按键缓冲变量
unsigned char KeyEffect = 1;                    //有效按键变量
unsigned char KeyCnt = 0;                       //按键消抖变量
struct
{
  unsigned char beep          :1;               //蜂鸣标记
  unsigned char readkey       :1;               //读键标记
  unsigned char               :7;

}TIME_FL = {0,0};

/************************** 函数申明 **************************/
void ReadKey(void);
void KeyOpt(void);
/************************** 主函数模块 **************************/
main(void)
{
    MCU_Init();
    while(1)
    {
      if(TIME_FL.readkey == 1)                  //每 2ms 读取按键
        {
          TIME_FL.readkey = 0;
          ReadKey();
        }
        Dsp_Set();
    }
}
/************************** 函数 **************************/
void ReadKey(void)                              //读键函数
{
  KeyBuffer = P31;                              //读端口状态
  P31 = 1;
  if(KeyBuffer == KeyEffect)                    //按键不放不处理
  {
          KeyCnt = 0;
          return;
  }
      else
        {
          KeyCnt++;
          if(KeyCnt == 5)                       //读键 5 次消抖
            {
              KeyCnt = 0;
              KeyEffect = KeyBuffer;            //送有效键值,后续处理
```

```
                KeyOpt();                 //有效键处理
            }
        }
    }
    void KeyOpt(void)                     //按键处理函数
{   TIME_FL.beep = 1;
    switch(KeyEffect)                     //该变量只会为0(按下按键)或者1(松开按键)
    {
        case 0:                           //按下按键
        {
            TIME_FL.Test_Self = 0;
            break;
        }
        case 1:                           //松开按键
        {
            break;
        }
    }
}
void INT_Timer0() interrupt 1             //中断函数
{
…
    //2ms 平台
      TIME_FL.readkey = 1;
    …
}
```

实操练习 15：显示 0～9 秒计时，当按键按下时响蜂鸣，秒钟清零重新计时。

相对于直读键，矩阵键需要多次读取端口才能读到完整的端口状态，因此程序处理要点是：

① 定时切换片选；

② 按照片选，读按键端口并做恰当的缓冲保存，全部按键状态读取后，多次验证消抖处理；

③ 确认按键后，处理按键。

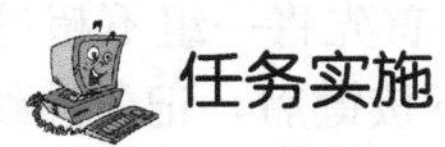

任务实施

控制器自检程序是为了检测控制器各个外设工作是否正常而开发的程序。若控制器的外设有 LED 显示器件，一般会让每个 LED 依次点亮，数码管将数字依次显示。为了检测按键是否能正常工作，会使用按键启动或者停止自检程序。

步骤 1：完成 200ms 平台的程序流程图，完成显示函数的流程图，完成按键处理函数的流程图。

步骤 2：按照流程图开发程序，并烧写程序，自查结果。

步骤 3：完成表 1-16 所列任务 1.5 评价表。

表 1-16　任务 1.5 评价表

自查评分		自评成绩
内　　容	总分	
1. 能使用位段结构开发程序	10	
2. 能开发按键读键程序	20	
3. 能开发按键处理程序	20	
4. 完成任务要求结果：能开发自检程序，实现 L1～L24 跑马灯程序，每个 LED 点亮时间为 200ms，同时数码管以 200ms 的频率轮流显示 1～9。	25	
5. 完成任务要求，按下按键停止自检程序。	25	
总　　分		
任务小结（完成情况、薄弱环节分析及改进措施）：		
教师评价：		

任务 1.6　连接线检测工具程序开发与测试

 任务目标

任务要求：开发连接线检测工具，能够检测排线连接是否正确。首先将一组不超过 12 口的排线（内部可以任意交叉连接）作为模板，插入检测工具，按下按键后，记录连线状态，并将连线对应的 LED 灯亮起，之后可以接入排线检测连接是否正确，当有端口连接错误时，对应的 LED 灯以 200ms 频率闪烁。完成该任务所需的能力及学习顺序如图 1-36 所示。

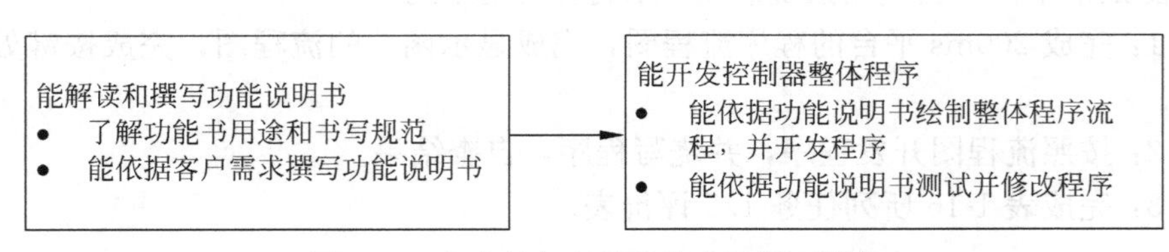

图 1-36　完成任务所需的能力及学习顺序

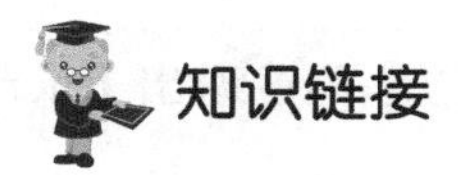

1.6.1　功能说明书的解读与撰写

在控制器开发之前，首先应当了解客户的需求，电控器的软硬件是针对客户对产品的要求而开发的。根据客户的开发要求，明确产品的使用要点，形成产品的功能说明书，对电控器的工作过程进行详细说明。例如：客户要求开发一个简易连接线检测器，使用5V直流电源供电，有24个接口对应24个LED灯，能检测12线以内的杜邦线是否损坏，要求将杜邦线接在任意接口上时，若某条杜邦线没有损坏，则两个接口对应的LED灯点亮，若接口上没有成对杜邦线接入或者杜邦线已损坏，对应的LED灯不亮。为了让软硬件开发人员明确控制器应具备的功能，针对客户需求形成以下的功能说明书。

简易连接线检测器功能说明书

1. 工作电源：5V直流电压。

2. 控制对象：24个LED灯（编号为L1～L24）、蜂鸣器。

3. 输入参数：24个接口（接口编号CON1-CON24）、按键。

4. 工作模式说明。

（1）自检模式：上电后，蜂鸣器鸣叫，运行自检程序，实现L1～L24跑马灯程序，每个LED灯点亮时间为200ms，同时数码管以200ms的频率轮流显示1～9，当按下按键后结束自检程序的执行，进入接口测试模式。

（2）接口测试模式：当有互通的杜邦线插入接口（CON1～CON24），亮起对应编号的LED灯，否则不亮。

功能说明书首先明确了产品的使用条件，这里指出的是5V直流电压，若开发家电产品，则会使用160VAC～250VAC的交流市电，除了输入电源外还规定使用的温度、湿度等环境参数。同时，应当对产品的输入、输出设备进行说明，硬件电路的设计与制作正是基于这些说明完成。最重要的是应当详细描述产品的工作模式和工作过程，如果产品的工作过程、人机界面操作比较复杂，还应当对显示单元、按键、外设控制单元、故障检测的控制方式进行详细说明。如下为空调控制器的功能说明：

一、通用说明

1. 按键操作说明

1.1　“POWER”按键：此键用于接通和关断电源，连续按此键，按“开机→关机→开机”循环运行，开机后空调按制冷模式运转。

1.2　“SWING”按键

1.2.1　当需要叶片摇摆时按此键，连续按此键，按“进入摇摆→取消摇摆→进入摇摆”循环。

1.2.2　持续按此键 3s，进入 Energy Saver 状态，再持续按此键 3s，退出 Energy Save 状态。（注意：送风状态时此功能无效）

……

2. 指示灯说明

2.1　“ONE TOUCH”灯

此灯亮时，表示空调器进入了“ONE TOUCH”状态。

2.2　“SPEED”灯——“HI（高速）”灯、“MED（中速）灯”、“LO（低速）灯”，这三个灯不能同时亮，它们只能根据风扇电机的转速来定。即当风扇电机以高速成运转时，此时“HI”灯亮；当风扇电机以中速运转时，此时“MED”灯亮；当风扇电机以低速运转时，此时“LO”灯亮。

2.3　“SWING”灯

当进入摇摆状态时，此灯亮。当退出摇摆状态后，此灯灭。

……

2.9　数码管

2.8.1　双数码管显示设定温度、室温和定时时间。

2.8.2　双数码管工作状态显示室温，当调整设定温度或定时时间时显示为设定温度或定时时间，但 10s 后自动转变为室温。

2.8.3　双数码管中第二个“8”后的一点常亮表示定时关机，闪烁时表示定时开机。

二、控制器的功能

1. ONE TOUCH（自动运行）

按动显示板上的“ONE　TOUCH”按键，接收器接收信号，并发出“嘀”的一声。控制器选择自动工作模式，同时显示板上“自动”指示灯亮。

1.1　运转模式根据当时的室温决定，模式设定后，不因以后室温变化而变化。

1.2

初始室温	运转模式
大于或等于 23℃	制冷
小于 23℃	送风

……

7. 保护功能

7.1　（全自动运转之制冷模式以及制冷运转）管道冰堵预防（有两种控制方法）：

7.1.1　温度控制。

室内管温热敏电阻连续 14min 测得≤1℃，管道冰堵预防功能动作，压缩机停转，风扇以设定速度运转 5min，此后如室内管温热敏电阻测得≤1℃，此状态延续，至室内管温热敏电阻测得>1℃为止。

7.1.2　时间控制

当：

a 压缩机连续运转；

b 室内风扇低速、中速运转；

c 室温<26℃。

以上三项条件同时满足，时间达到 1h 45min（当压缩机停时，计时重新开始；当风扇高速或室温≥26℃，暂不计时；条件又满足时，恢复计时），则压缩机停转 3min，风扇同时以设定速度运转。

7.2　结霜保护

制冷运行中，当压缩机连续运行 3min 后，若室内管温持续≤－15℃ 3min 以上时，则判断为结霜保护预防条件满足。压缩机停止运行 6min，然后再启动。如果在压缩机再启动的 10min 内，结霜预防保护条件再次满足，则判断为需要进行结霜保护，即出现故障，此时显示板上显示“Ed”且压缩机、风扇停转。则管道温度恢复至正常也不能使压缩机、风扇重新运转。重新运转的方法是：

a. 按遥控器上的 POWER 按键，则空调开机。

b. 按显示板上的 POWER 按键，则空调开机。

1.6.2　控制器完整程序开发与测试

如 1.1.2 节所述，大部分单片机应用程序在主循环中完成各个模块的驱动，一般为了控制某个外设或者读取某个设备信息需要单独编写控制函数。主循环其实不进行任何实际功能的处理，它的功能只是调用各个任务函数。对于比较大型复杂的系统，main 函数的主循环里不放实际处理的代码，而是把所有任务函数归到一起，根据选择调用相应的任务函数，当处理完该任务之后又会回到主循环，由主循环再次分配任务，如图 1-37 所示。被调用的任务函数，并不是执行一些固定操作后返回，每个任务函数都有自己的一套控制逻辑，并且“不那么容易返回”。

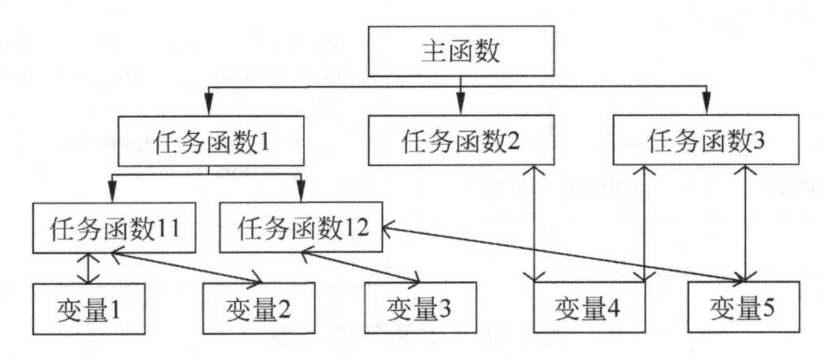

图 1-37　单片机函数结构

这些任务函数属于同一个进程，但是同一时刻只有一个可以运行。当执行某个函数时，进程被这个函数阻塞，其他函数无法运行，因为每个函数都有自己的一套控制逻辑，完全不需要考虑其他任务函数。

这些任务函数之间有一些公共变量，这些变量的作用就是被各个函数使用，甚至用于函数间通信，辅助完成这些函数之间的逻辑结构的构建。比如 1.5.4 节中的 TIME _ Fl. readkey,这个标志变量就指明了当前应当读取按键，任何函数（包括中断进程中的函数）都可以通过改变此变量来切换工作模式。

也有一些与函数对应的用于完成特定功能的变量。比如用于数码管或者显示屏显示的显存，如 1.4.6 节定义的显示变量，这些显存是有特定用处的，一般其他函数不会使用。

另外，各个任务函数的调度也并非简单的按顺序执行，应将任务进行级别划分，如按键程序涉及到消抖及客户的体验，应当按下即时给出响应，因此应频繁执行。而显示程序，延时几毫秒的显示不会影响用户使用感觉，因此优先级靠后，对于端口检测则根据不同的应用场合有不同的要求。

以上节提出的简易连线检测器为例，该控制器包含的外设有 LED 显示、蜂鸣器、按键、检测端口，如果蜂鸣器只做简单鸣叫，则只需在中断函数中完成计时控制，主函数要开发显示、按键及端口检测程序。考虑到程序的优先级，每次主循环（其流程图如图 1-38 所示）都将执行按键程序，而显示函数和端口检测函数则每执行两轮主循环执行一次。为了控制消抖时间，读键程序 2ms 执行一次，而对于端口检测可以减少执行频率，50ms 执行一次。

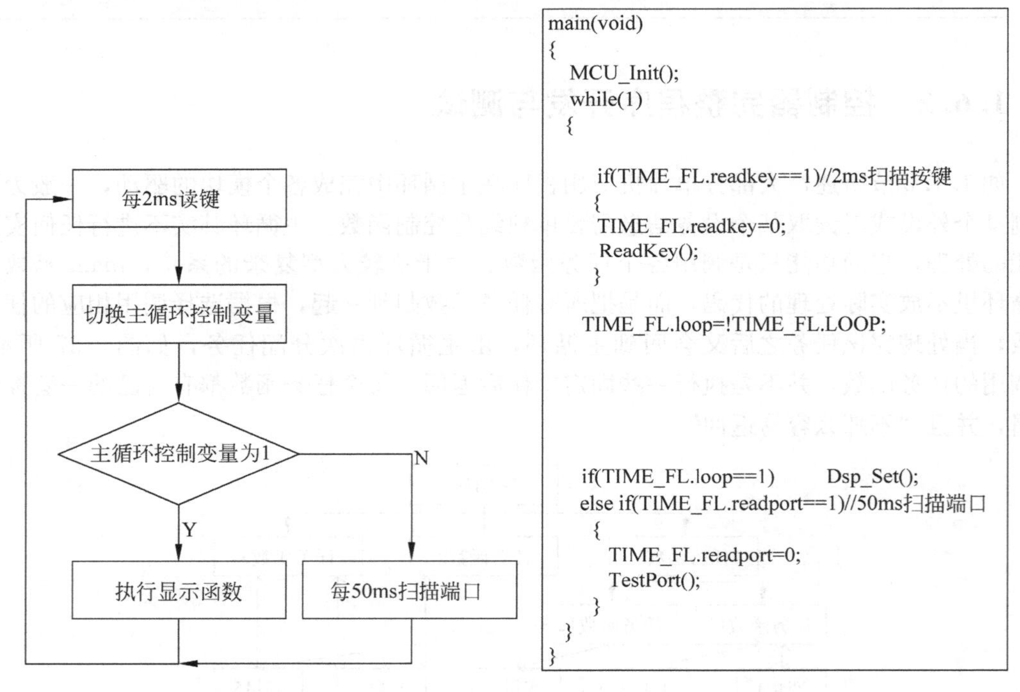

图 1-38　主循环流程图

在中断函数中，主要生成了时间标志、蜂鸣控制、LED 显示的片选切换，而其他程序分别在各自子函数中完成。

按键程序的开发已在 1.5.4 节详细描述，不再赘述。而对于显示程序，则只需要根据设置的工作模式分别完成自检显示和端口测试结果显示，如果端口测试到有接线则显示对应 LED，否则不显示。

端口检测程序，完成 24 个端口的轮流检测，并分别将检测的结果保存，具体流程如图 1-39 所示。

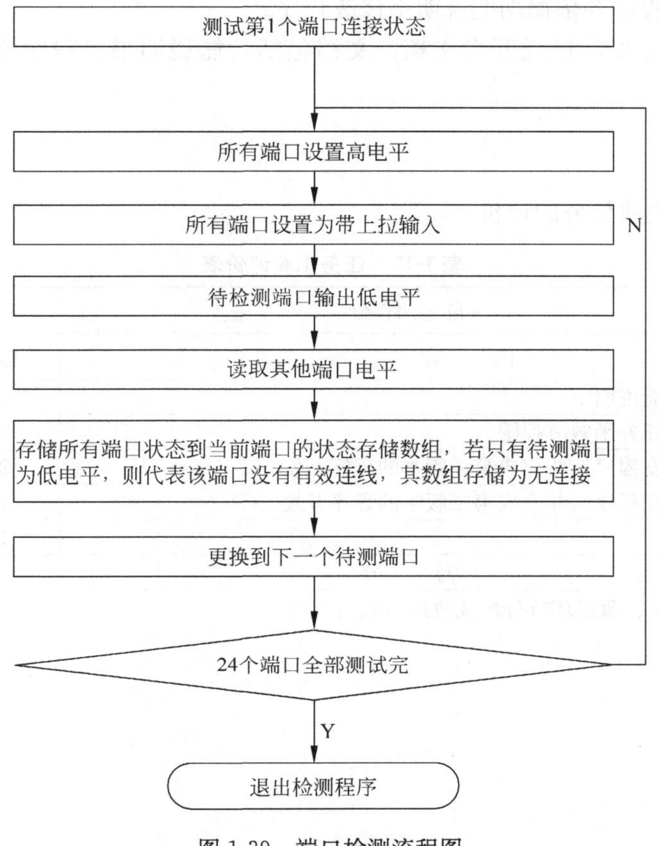

图 1-39　端口检测流程图

程序开发完成后，要根据功能说明书检测程序开发是否正确，修改程序直到完全实现功能说明书所要求的所有功能。

任务实施

1. 简易连线器第一版本程序开发

步骤 1：解读 1.6.1 小节所述简易连线器的功能说明书。

步骤 2：根据 1.6.2 小节所述流程图书写程序。

步骤 3：烧写程序并依据功能说明书修改程序。

2. 简易连线器第二版本程序开发

在客户测试样品时，提出了新的要求，在控制器检测端口时，按下按键可以记忆连线样品的连接模式作为标准模式，若测试的连线与标准模式不符则响应位置的 LED 灯以 200ms 的频率闪烁，提醒测试员连线有故障。

步骤 1：根据客户需求修改简易连线器的功能说明书。

步骤 2：绘制主循环、显示、按键、端口测试流程图。

步骤 3：按照流程图书写程序。

步骤 4：烧写程序并依据功能说明书修改程序。

步骤 5：开发完毕，形成开发文档，文档包括功能说明书、程序流程图、测试过程记录。

3. 任务评价

依据表 1-17 完成任务的评价。

表 1-17　任务 1.6 评价表

<table>
<tr><td colspan="2">自 查 评 分</td><td rowspan="2">自评成绩</td></tr>
<tr><td>内　　容</td><td>总分</td></tr>
<tr><td>1. 能解读并撰写功能说明书</td><td>10</td><td></td></tr>
<tr><td>2. 能绘制主循环及任务函数流程图</td><td>20</td><td></td></tr>
<tr><td>3. 能依据流程图开发程序，并完成第一版本的程序开发</td><td>20</td><td></td></tr>
<tr><td>4. 能依据流程图开发程序，并完成第二版本的程序开发</td><td>40</td><td></td></tr>
<tr><td>5. 能完成开发文档</td><td>10</td><td></td></tr>
<tr><td colspan="2">总　　分</td><td></td></tr>
<tr><td colspan="3">任务小结（完成情况、薄弱环节分析及改进措施）：</td></tr>
<tr><td colspan="3">教师评价：</td></tr>
</table>

模块二

单片机控制电子产品开发实战

任务 2.1　智能闹钟程序的开发与测试

该模块主要针对一款实用产品——电子智能闹钟的控制器进行实战训练，学习目的主要是为了提高学生应用单片机 C 语言的编程能力，熟练掌握单片机控制程序开发技能，学习任务及预期的能力目标见图 2-1。

学习任务	能力目标
任务2.1.1：电子智能闹钟的需求分析及产品功能说明书	理解智能闹钟的一般功能 理解产品需求分析的重要性 掌握功能说明书的写法
任务2.1.2：电子智能闹钟的硬件设计及电路分析	能绘制系统方框图 掌握电子智能闹钟的硬件构成 掌握关键元器件的特性及用法
任务2.1.3：电子智能闹钟系统软件整体框架及初始化	掌握程序的初始化 理解电子闹钟整体程序框架
任务2.1.4：开发智能闹钟的LCD显示界面	了解LCD驱动与LED驱动的区别 掌握LCD驱动的不同方式的选择 掌握专用LCD驱动芯片的运用
任务2.1.5：开发时钟显示模块	了解软件编程计时与运用专用芯片计时两者的区别 掌握通过软件编程计时 掌握专用芯片的应用

图 2-1　模块二职业能力培养概要

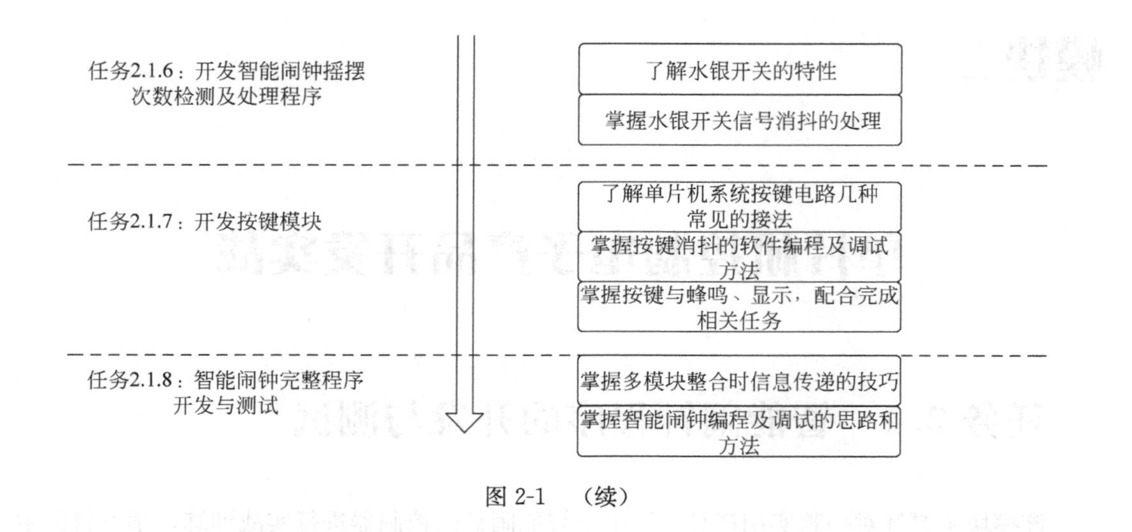

图 2-1 （续）

子任务 2.1.1 电子智能闹钟的需求分析及产品功能说明书

任务要求：对电子智能闹钟产品进行需求分析，撰写产品功能说明书。完成该任务，需要具备如图 2-2 所示细分的职业能力。

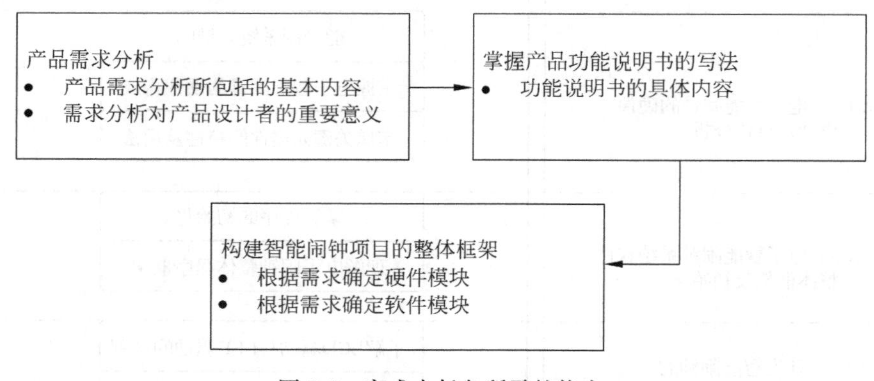

图 2-2 完成本任务所需的能力

1. 客户需求分析

成功的需求开发和管理能节省大量的资源，因此需求分析是软件开发的关键阶段。需求开发和管理的步骤有：需求获取、需求分析、编制规格说明书和需求验证。

需求获取的过程就是通过需求调研，获得清晰、准确的需求。获取需求的一个必不可少的目的，是分析者、开发者和客户对项目中描述的客户需求的普遍理解。通过资料收集、访谈、调查、实际观察等方法，了解用户的业务流程、各个关键点的操作。

需求分析的过程就是将收集到的调研信息加以处理并理解它们。进行需求分析时，尽量理解用户用于表述他们需求的思维过程，充分研究用户执行任务时做出决策的过程，并提取出潜在的逻辑关系。流程图和决策树是描述这些逻辑决策途径的重要方法。不必考虑用户提供的需求细节，因为会给之后的设计过程带来限制，周期性地检查需求获取情况，以确保用户参与者将注意力集中在适合的抽象层上。此外，不可忽视非功能需求的描述，它表明了系统的限制和用户对质量的期望。

需求开发的最终成果是形成一份客户和开发小组对将要开发的产品达成一致的协议，也就是我们所说的需求规格说明书。需求规格说明书综合了业务需求、用户需求和软件功能需求。

需求规格说明书完成后，并不能说明已经完成了需求分析阶段的工作，可以进入设计阶段了，只有以结构化和可读性方式编写完这些文档，并由项目的风险承担者评审通过后，各方面人员才能确信他们所赞同的需求是可靠的，这个阶段工作才告完成。

需求验证的主要内容有：需求规约正确描述了预期的系统行为和特征；软件需求符合业务需求或其他来源的要求；需求是完整和高质量的；所有对需求的看法、观点是一致的；需求为产品设计、构造和测试提供了坚实的基础。

2. 智能闹钟产品功能说明书

对于软件开发人员来说，最重要的是能根据规格说明书完成程序编写和测试。本任务模拟客户要求开发智能闹钟，具体功能说明如下：

- 闹钟具有实时显示时间和闹钟功能；
- 具备时间校调及闹钟设置功能；
- 闹钟响起后，需要摇摆若干次才能停止闹钟鸣叫；
- 具有设定摇摆次数的功能。

（1）运行状态说明

运行状态主要由LED灯D1、D2来指示，主要有如下几种状态：

- D1亮，D2灭，运行状态为当前时间显示；
- D1灭，D2亮，运行状态为当前时间设置；
- D1亮，D2灭，运行状态为闹钟时间设置；
- D1灭，D2灭，运行状态为摇摆次数设置。

（2）按键功能说明

- S1启动或禁止闹钟功能；
- S2设置键；
- S3加“+”；
- S4减“-”。

（3）状态设置说明

- 设置当前时间：按S2使系统进入时间设置状态，这时D2亮，D1灭，小时位闪烁，按加减键调整数值大小；再按 S2，分钟位闪烁，按加减键调整数值大小。

• 设置闹钟时间：按 S1 键，连续按 S2，使系统进入闹钟时间设置状态，这时 D1 亮，D2 灭，其他操作同时间设置过程。

• 摇动次数设置：连续按 S2 使系统进入摇动次数设置状态，这时 D1、D2 灭。按加减键调整数值大小。

• 退出设置状态：连续按 S2 使系统进入显示当前时间状态，这时 D1、D2 都亮。

任务实施

步骤 1：仔细阅读智能闹钟的功能说明书，列出硬件设计时可能涉及到的电路模块及关键元器件（用文字说明，填写表 2-1）。

表 2-1　硬件列表

序号	

步骤 2：仔细阅读智能闹钟的功能说明书，列出软件设计时可能涉及到的程序模块或函数（用文字说明，填写表 2-2）。

表 2-2　软件列表

序号	模块名称

步骤 3： 完成表 2-3 所列任务自查表。

表 2-3　任务自查表

评分内容		自评成绩
内　　容	总分	
1. 能读懂产品功能说明书	20	
2. 能列出四个以上电路模块	40	
3. 能列出四个以上程序模块	40	
任务小结（完成情况、薄弱环节分析及改进措施）：		

子任务 2.1.2　电子智能闹钟的硬件设计及电路分析

任务目标

任务要求：绘制智能闹钟系统方框图，分析硬件构成及关键元器件用法。完成该任务，需要具备如图 2-3 所示细分的职业能力。

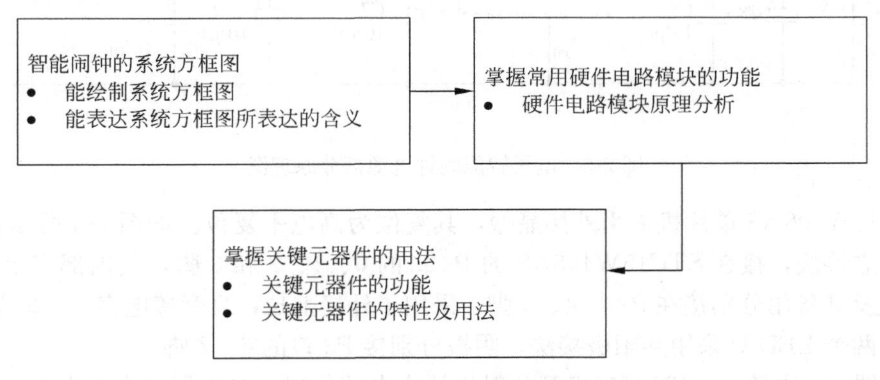

图 2-3　完成任务所需的能力

知识链接

1. 电子智能闹钟硬件电路

参考附录B中的电路原理图是为智能闹钟开发的硬件电路，该电路采用STC15W408AS单片机，工作电压为2.4～5.5V，SRAM空间为128*4字节，程序空间大小为8K字节，具有A/D转换模块和串行通信口。整个系统板包括电源、LCD显示、LED显示、按键、水银开关、时钟、蜂鸣器及程序下载模块，其系统实物板见图2-4。

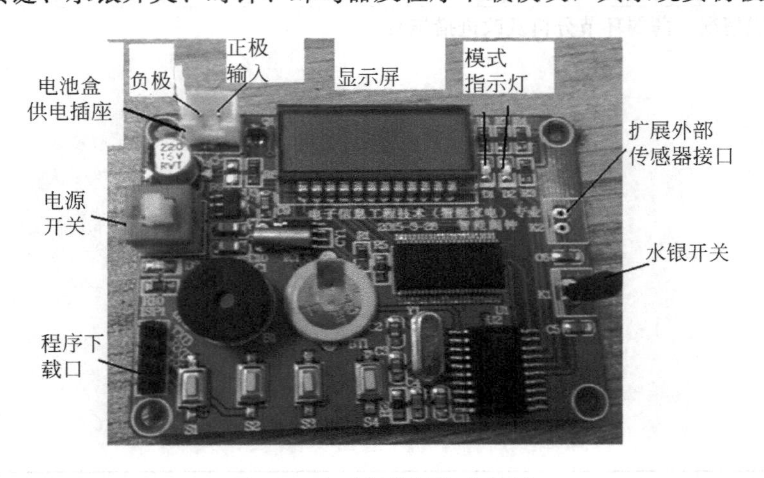

图2-4　电子智能闹钟实物板

该系统采用了多种电源供电方式，一种是电池盒直接供电，另一种是由USB线端口供电得到5V直流电压。再通过滤波、稳压得到单片机所需要的直流电压3.3V。采用了专用的线性稳压电源芯片7533，该芯片输出直流电压3.3V。其部分电路如图2-5所示。

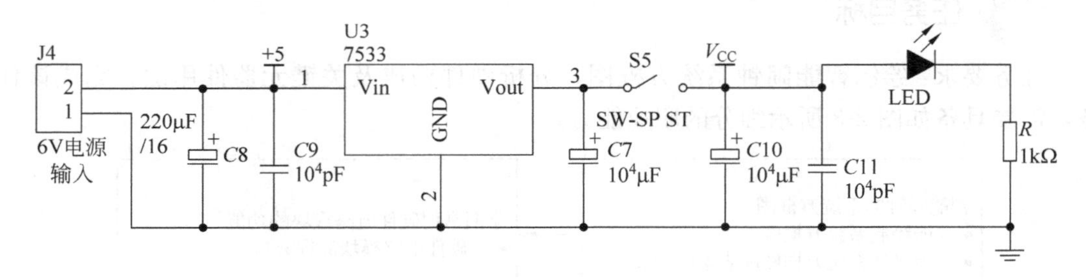

图2-5　电子智能闹钟电源部分原理图

STC15W408AS单片机采用外接晶振，其复位为高电平复位。如图2-6所示，4个按键采用独立接法，接在STC15W408AS的P3口的0、1、2和3脚，其内部有上拉电阻。水银开关及其备用分别接在P3口4、5脚，采用了外接上拉，且旁接电容C_5和C_6用于硬件滤波。两个LED灯采用共阳极接法，阴极分别接P3口的6、7脚。

蜂鸣器驱动电路由NPN型三极管共射极放大电路构成，蜂鸣器接在集电极，如图2-7所示。

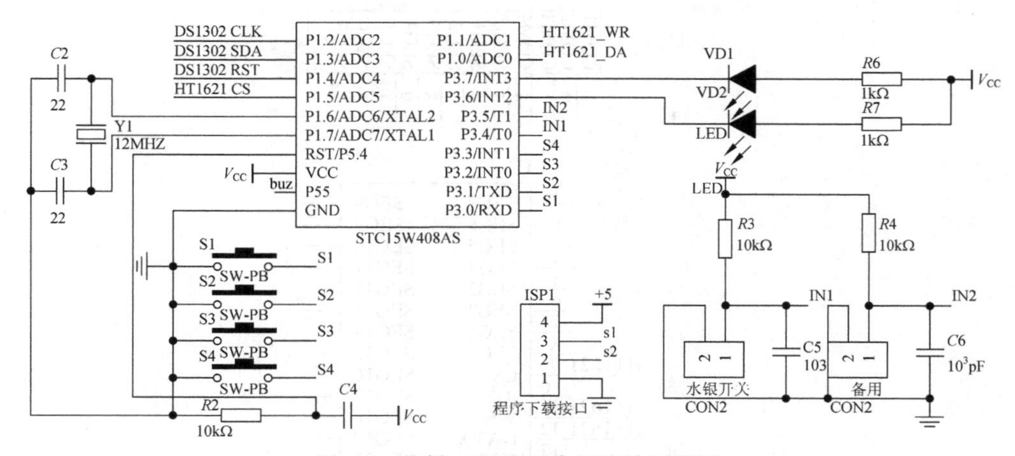

图 2-6　按键、LED 及水银开关原理图

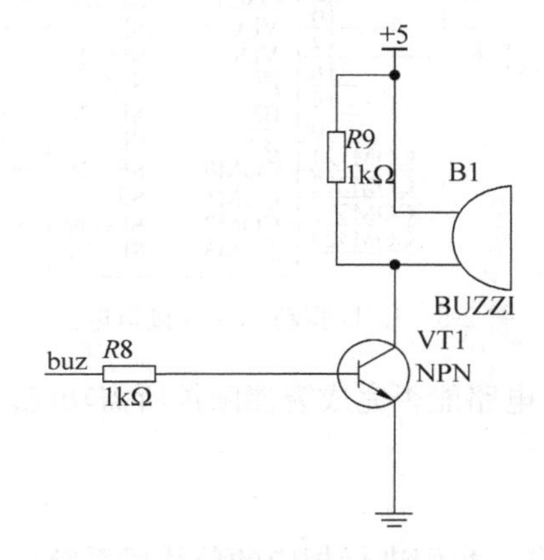

图 2-7　蜂鸣驱动原理图

系统采用了专用时钟芯片 DS1302，外接晶体振荡器。采用双电源连接，通过“时钟 SCLK、数据端口 I/O 和复位端 RST”三线与单片机进行通信，如图 2-8 所示。

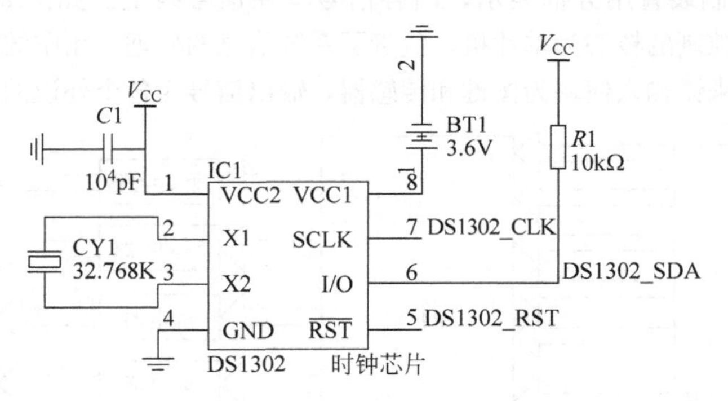

图 2-8　专用时钟芯片外接电路

LCD 模块采用专用驱动芯片 HT1621 驱动 LCD 显示。HT1621 通过 4 个公共端（COM0-COM3）和 8 个段（SEG0-SEG7）与 LCD 显示屏相连接。HT1621 通过“CS、WR、DATA”三线与单片机进行通信，如图 2-9 所示。

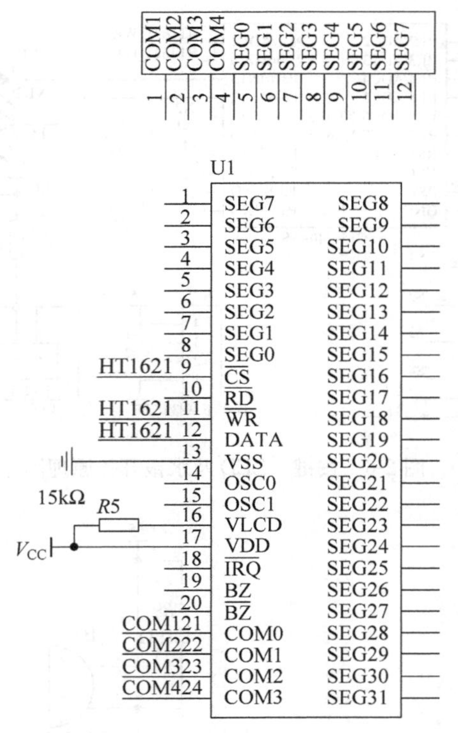

图 2-9　LCD 驱动芯片及接口电路

实操练习 1： 请分析以上电路能否完成智能闹钟所需功能。

2. 系统框图

根据给定的系统功能要求，我们进行相应的单片机系统设计，在设计之初，我们需要设计系统框图，为接下来的电路和程序设计提供一个基础。

系统框架图就是系统整体功能设计图。框图的单元都是基本单元，是把系统各部分，包括被控对象、控制装置用方框表示，而各信号写在信号线上。如图 2-10 所示为某款电饭锅的系统框图，控制的核心为单片机，负责了系统信息的处理，图中的箭头代表了箭头的流向。对于单片机来说输入模块为按键和传感器，输出信号为各个外设的驱动信号。

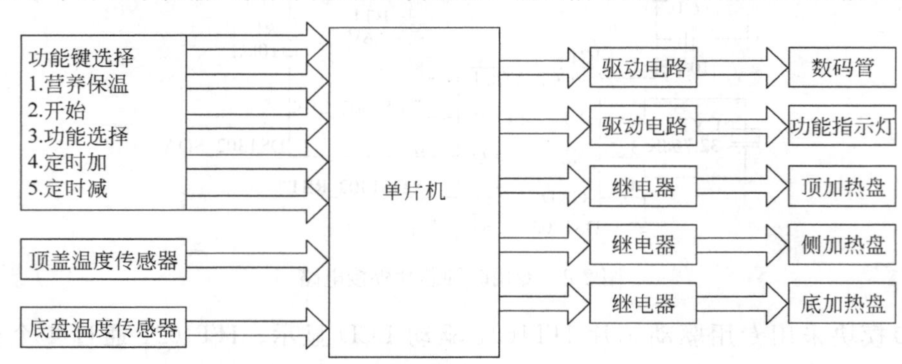

图 2-10　某款电饭锅系统框图

任务实施

步骤1：观察实物板，识别关键元器件，列写器件清单（见表2-4）。

表2-4　元器件清单

序号	元器件名称	符号	参数	功能	备注

步骤2：识别各个电路模块，填写表2-5。

表2-5　电路模块识别

序号	模块名称	元器件符号	功能	备注

步骤3：画出系统方框图。

步骤4：完成表2-6所列任务2.1.2自查表。

表2-6　子任务2.1.2自查表

评分内容		自评成绩
内　容	总分	
1. 能独立列出元器件清单	20	
2. 能独立判断各个模块	30	
3. 能正确画出系统方框图	50	
总分		
任务小结（完成情况、薄弱环节分析及改进措施）：		

子任务 2.1.3　智能闹钟系统软件整体框架及初始化

任务目标

任务要求：构建程序的框架，完成初始化工作。完成该任务需要具备如图 2-11 所示细分的职业能力。

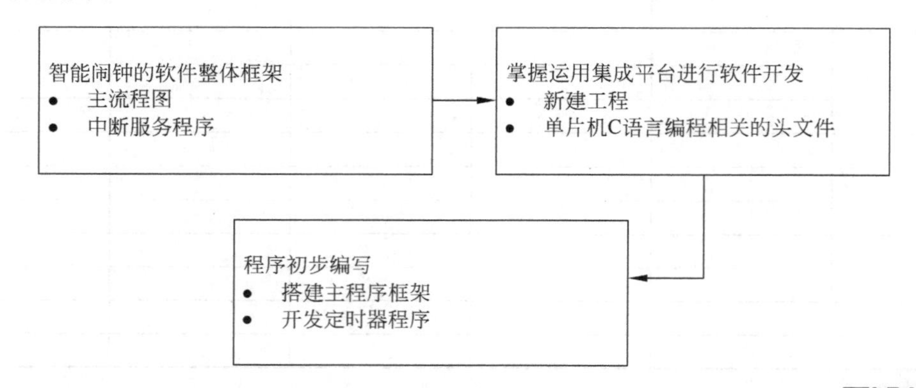

图 2-11　完成任务所需的能力

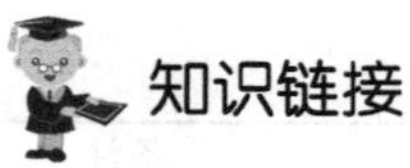

知识链接

C语言的模块化编程

1. 智能闹钟软件框架

智能闹钟的功能说明书是软件编程人员进行软件设计的依据，明确了产品的功能需求后，必须结合硬件设计电路和拟采用的关键元器件进行软件框架的设计。

由前文所述可知，单片机采用 STC15W408AS，软件要实现按键处理、LED 显示、LCD 显示、读取时间、蜂鸣器鸣叫、读水银开关这些基本功能。同时硬件方案拟定了两个关键的元器件——时钟芯片 DS1302 和 LCD 显示驱动芯片 HT1621，由于这两个芯片通过外部管脚与单片机连接，以规定的方式可以与单片机进行通信，从而实现读写、驱动等功能。主程序流程图如图 2-12 所示。

主程序流程图中运用了主时钟变量控制主循环，主要是考虑单片机 CPU 对主循环处理的有效性和高效性，利用单片机内部定时器中断计时形成主时钟平台，即在固定的时间周期内进行主循环，并利用定时器计时周期形成驱动无源蜂鸣器的驱动脉冲。中断服务程序的流程图如图 2-13 所示。

2. 建立智能闹钟软件工程

前面已介绍过软件 KEIL uVISION4，该软件具有软件开发的集成环境，可针对智能闹钟建立工程文件。在工程文件所在的同一目录，需具备几类通用的头文件，即单片机 C 语言编

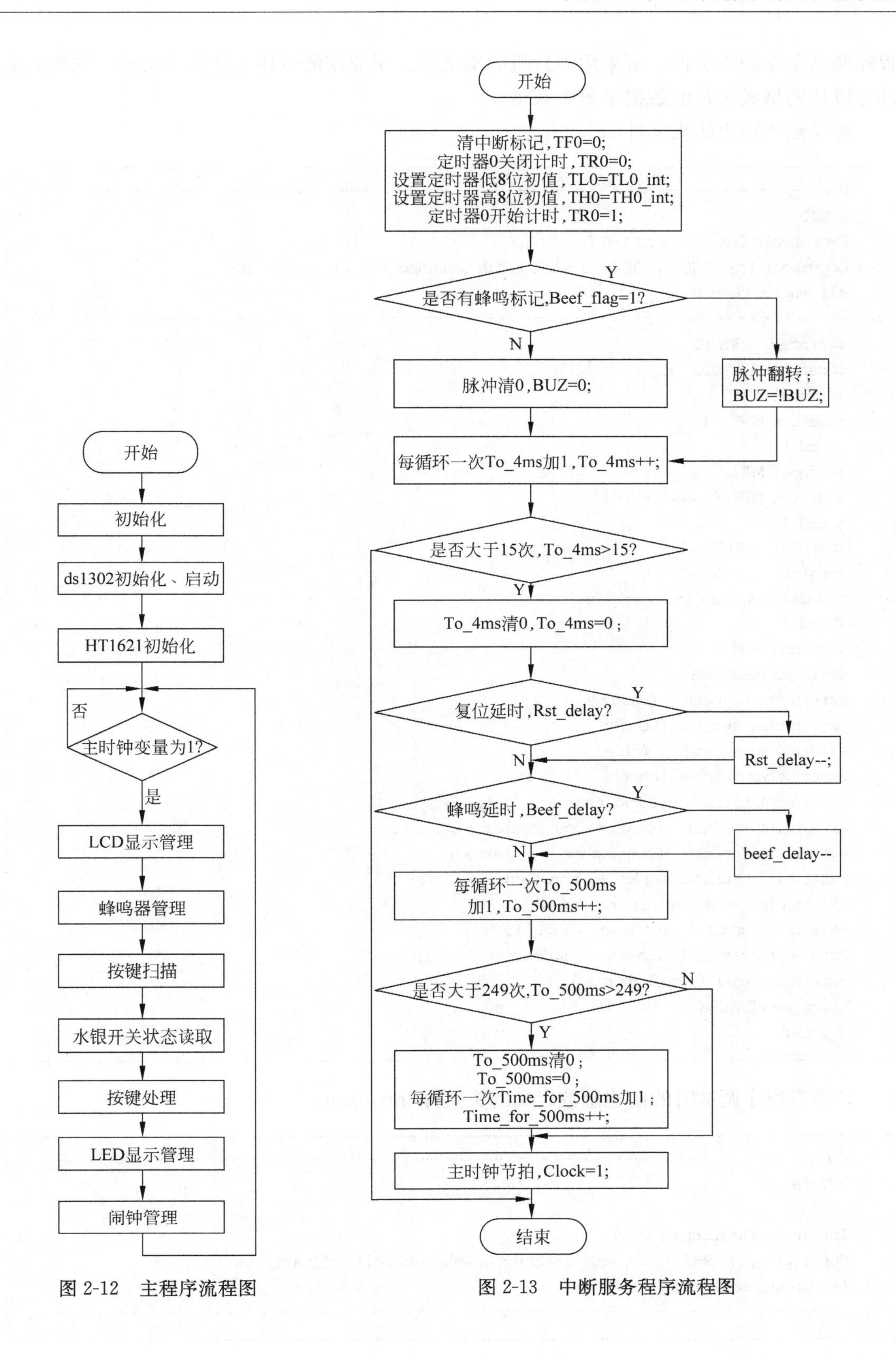

图 2-12　主程序流程图

图 2-13　中断服务程序流程图

程和调试必备的头文件、所采用单片机的头文件、所应用的专用芯片的头文件，这些头文件可以从网络或芯片的数据手册中获得。

标准输入输出的头文件 stdio. h：

```
/* ---------------------------------------------------------------------------
STDIO.H
Prototypes for standard I/O functions.
Copyright (c) 1988 - 2002 Keil Elektronik GmbH and Keil Software, Inc.
All rights reserved.
--------------------------------------------------------------------------- */
#ifndef __STDIO_H__
#define __STDIO_H__
#ifndef EOF
#define EOF -1
#endif
#ifndef NULL
#define NULL ((void *) 0)
#endif
#ifndef _SIZE_T
#define _SIZE_T
typedef unsigned int size_t;
#endif
#pragma SAVE
#pragma REGPARMS
extern char _getkey (void);
extern char getchar (void);
extern char ungetchar (char);
extern char putchar (char);
extern int printf   (const char *, ...);
extern int sprintf  (char *, const char *, ...);
extern int vprintf  (const char *, char *);
extern int vsprintf (char *, const char *, char *);
extern char *gets (char *, int n);
extern int scanf (const char *, ...);
extern int sscanf (char *, const char *, ...);
extern int puts (const char *);
#pragma RESTORE
#endif
```

C 语言程序调试时的内建函数定义的头文件 intrins. h：

```
/* ---------------------------------------------------------------------------
INTRINS.H

Intrinsic functions for C51.
Copyright (c) 1988 - 2004 Keil Elektronik GmbH and Keil Software, Inc.
All rights reserved.
--------------------------------------------------------------------------- */
```

```
#ifndef __INTRINS_H__
#define __INTRINS_H__

extern void              _nop_      (void);
extern bit               _testbit_  (bit);
extern unsigned char     _cror_     (unsigned char, unsigned char);
extern unsigned int      _iror_     (unsigned int,  unsigned char);
extern unsigned long     _lror_     (unsigned long, unsigned char);
extern unsigned char     _crol_     (unsigned char, unsigned char);
extern unsigned int      _irol_     (unsigned int,  unsigned char);
extern unsigned long     _lrol_     (unsigned long, unsigned char);
extern unsigned char     _chkfloat_ (float);
extern void              _push_     (unsigned char _sfr);
extern void              _pop_      (unsigned char _sfr);
#endif
```

C语言编程变量相关定义的头文件 var. h：

```
// BYTE type definition
#ifndef _BYTE_DEF_
#define _BYTE_DEF_
typedef unsigned char BYTE;
typedef unsigned char    uchar;
#endif  /* _BYTE_DEF_  */
// UINT type definition
#ifndef _UINT_DEF_
#define _UINT_DEF_
typedef unsigned int uint;
#endif  /* _BYTE_DEF_  */
/*  BYTE Registers   */

/* gucKeyAttribute */
#define      D_NO_KEY_ACTION            0
#define      D_KEY_PRESSED              1
#define      D_KEY_DOUBLE_CLICKED       2
#define      D_KEY_RELEASED             3
#define      D_KEY_PRESS_3SEC           4
#define KEY_STATE_NOKEY                 0
#define KEY_STATE_DEB                   1
#define KEY_STATE_WAIT_RELEASE          2
```

单片机 STC15W408AS 的头文件 STC15Fxxxx. H：

```
#define MAIN_Fosc      11059200L      //定义主时钟
#ifndef    _STC15Fxxxx_H
#define    _STC15Fxxxx_H
#include <intrins.h>
/*   BYTE Registers    */
```

```
sfr P0    = 0x80;
sfr SP    = 0x81;
sfr DPL   = 0x82;
sfr DPH   = 0x83;
sfr  S4CON = 0x84;
sfr  S4BUF = 0x85;
sfr PCON = 0x87;

sfr TCON = 0x88;
sfr TMOD = 0x89;
sfr TL0   = 0x8A;
sfr TL1   = 0x8B;
sfr TH0   = 0x8C;
sfr TH1   = 0x8D;
sfr  AUXR = 0x8E;
sfr WAKE_CLKO = 0x8F;
sfr INT_CLKO = 0x8F;
sfr  AUXR2     = 0x8F;
……..
.
```

LCD 驱动芯片 1621 的头文件 CMS1621. h：

```
#include<STC15Fxxxx.H>
#define       read_data       0xc0       //读数据模式
#define       write_data      0xa0       //写数据模式
#define       write_code      0x80       //写命令模式#100
#define       sys_en          0x01       //启动 1621 系统振荡器 00000001-x
#define       LCD_off         0x02       //关闭 LCD 偏压器
#define       LCD_on          0x03       //开启 LCD 偏压器
#define       time_dis        0x04       //禁止时基准输出
#define       wdt_dis         0x05       //禁止 WDT 暂停标记输出
#define       time_en         0x06       //允许时基准输出
#define       wdt_en          0x07       //允许 WDT 暂停标记输出
#define       tone_off        0x08       //蜂鸣器输出禁止
#define       tone_on         0x09       //蜂鸣器输出允许
#define       clr_timer       0x0c       //清除时其发生器内容
#define       clr_wdt         0x0e       //清除 WDT 内容
#define       xtal_32k        0x14       //外 32K 晶振
#define       RC_256K         0x18       //内部 RC 振荡器作为时钟
#define       ext_RC          0x1c       //外部 RC 作为时钟
#define       bias_4com       0x28       //4com 输出
#define       irq_en          0x88       //允许 IRQ 输出
#define       f1              0xa0       //时基/WDT 时钟输出 1HZ
void _delay(unsigned int x);
void cms1621_init(void);
void cms1621_diver(unsigned char cont,unsigned char temp);
.
```

时钟芯片 DS1302 的头文件 DS1302.h：

```
#define uint  unsigned int
#define uchar  unsigned char
uchar read_da(uchar read_cd) ;
void _Wr_data(uchar wr_adr,uchar wr_data);
uchar  receive(void);
void  ds1302_start(void);
void  sen_1302(uchar sen_data);
void  delay(uint x);
.
```

也可以根据硬件设计电路，针对所采用的单片机与专用芯片的连接定义输入输出管脚，方便程序的编写。如智能闹钟中，针对 DS1302、HT1621 各自与单片机连接的三个管脚进行位变量定义，以及 LED 与蜂鸣器管脚的位定义，以 IO.H 命名。具体可以定义如下：

```
#include <STC15Fxxxx.H>
//HT1621 引脚定义
sbit       RW_1621 = P1^1;
sbit       CS_1621 = P1^5;
sbit       DATA_1621 = P1^0;
//LED----------------------------------
sbit      Led1 = P3^6;
sbit      Led2 = P3^7;
//LED----------------------------------
sbit       BUZ = P5^5;
//----------------------------------------
sbit     DS1302_RST =   P1^4;       //DS1302 复位引脚定义
sbit     DS1302_SCLK =  P1^2;       //DS1302 时钟端
sbit     DS1302_SDA =   P1^3;       //DS1302 数据端
```

主程序的初始化需完成相关准备工作，包括头文件的包含、宏定义、变量定义及子函数。其中，子函数是主函数中将要调用的功能模块函数，后续内容将根据模块功能进行子函数的开发。如下是是相关头文件的包含、宏定义及变量定义：

```
//包含头文件
#include <stdio.h>                //C 语言编程标准输入输出定义的头文件
#include "intrins.h"              //C 语言编程的内建函数定义的头文件
#include "var.h"                  //C 语言编程变量相关定义的头文件
#include"CMS1621.h"               //LCD 驱动芯片的头文件
#include"STC15Fxxxx.H"            //单片机头文件
#include"DS1302.h"                //时钟芯片头文件
#include"IO.H"                    //为方便编程所定义的头文件
//宏定义----------------------------------------
#define  TH0_int  0xff            //定义定时器高 8 位计数器初值
#define  TL0_int 90               //定义定时器低 8 位计数器初值
#define  TMOD_int 0x01            //定义定时器寄存器 TMOD 初值
```

```
#define  TCON_int 0x10        //定义定时器寄存器 TCON 初值
//位变量定义 ------------------------------------
uchar bdata falg;
sbit  Clock = falg^1;
sbit  Power = falg^0;
sbit  beef_flag = falg^2;
sbit  key_out = falg^3;
sbit  Alarm_clock_en = falg^4;
sbit  Alarm_Flg = falg^5;     //有响闹铃标记
sbit  Time_change = falg^6;   //分发生改变标记
//与时间相关的变量定义 -----------------------
uchar   To_4ms;
uchar   Set_mode;
uchar   Set_time_min;
uchar   Set_time_hour;
…….
//与闹钟相关的变量定义 -------------------------------
uchar   Alarm_min,Alarm_hour;
uchar   rock;
uchar   Set_rock_cnt;
//有关蜂鸣器的变量定义 --------------------------
uchar   beep_delay;
uchar   beef_cont;
//按键相关的变量定义 ------------------------------
uchar   key_cont;
uchar   old_key,new_key;
uchar   key;
//其他变量定义 -------------
uchar   tast_k1_cnt;
uchar   Rst_delay;               //上电复位延时
uchar   dsp_buf[10];
……..
```

任务实施

步骤 1：练习 KEIL μVISION4 软件的操作，建立智能闹钟的工程文件。

步骤 2：添加三个源文件 CMS1621. C、ds1302. C 和 main. C。

步骤 3：搭建三个源文件的框架。

步骤 4：完成初始化程序，完成对单片机端口、定时器的初始化。

步骤 5：完成表 2-7 所列任务自查表。

表 2-7　子任务 2. 1. 3 自查表

评分内容		自评成绩
内　　容	总分	
1. 能熟练操作 KEIL uVISION4 软件新建工程文件	10	
2. 能添加三个源文件 CMS1621. C、ds1302. C 和 main. C	10	
3. 能完成三个源文件的主体内容（功能子函数可以为空）	40	
4. 能完成主程序初始化（变量定义不要求具体内容），并编译成功	40	
总分		

续表

任务小结（完成情况、薄弱环节分析及改进措施）：

子任务 2.1.4　开发智能闹钟的 LCD 显示界面

任务目标

任务要求：开发 LCD 显示程序，显示开发者信息，完成该任务需要具备如图 2-14 所示细分的能力。

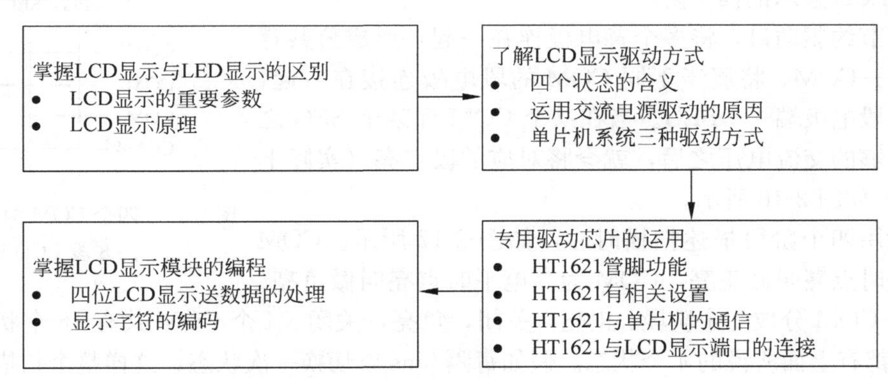

图 2-14　完成任务所需的能力

知识链接

1. LCD 显示

(1) LCD 概述

液晶显示器（Liquid Crystal Display，简称 LCD）是使用“液晶”（Liquid Crystal）作为材料的显示器。液晶是一种介于固态和液态之间的物质，具有规则性分子排列的有机化合物。用于液晶显示器的是 Semitic 液晶，分子都是长棒状的，在自然状态下，这些长棒状的分子的长轴大致平行。

液晶的其他性质：当向液晶通电时，液晶体分子排列得井然有序，可以使光线容易通过；而不通电时，液晶分子排列混乱，阻止光线通过。通电与不通电就可以让液晶像闸门般地阻隔或让光线穿过。

LCD 的驱动不像 LED 那样，加上电压（LED 实际上是电流驱动）就可以长期显示。

LCD 驱动必须使用交流电压驱动才能保持稳定的显示，如果在 LCD 上加上稳定的直流电压，不但不能正常显示，时间久了还会损坏 LCD。一段 LCD 由背电极和段电极组成，需要显示时，在背电极和段电极之间加上合适的交流电压（通常使用方波）即可。

(2) 段式 LCD 显示的参数

段式 LCD 显示的主要参数如下：

① 对比度。可以通过调节方波中每半个周期中显示的时间（即占空比）来实现。

② 偏压系数 bias。是指液晶的偏压系数，简单的说指明驱动电压的台阶数。如 3V 1/2bias 有三种电压 3V、1.5V、0V，3V 1/3bias 有四种电压 3V、2V、1V、0V。以上都是 3V 液晶块点亮，但 bias 对应的电压级数越多，亮与不亮的区别更明显，提高亮灭对比度。三种电压的台阶如图 2-15 所示。

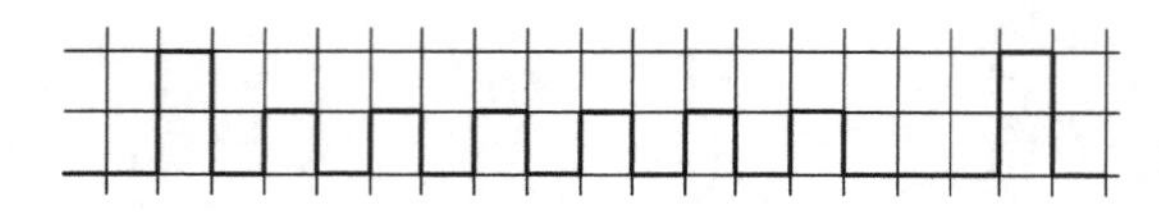

图 2-15 三种电压的台阶

(3) LCD 显示的四个阶段

为了节约驱动口，将多个背电极连在一起，形成公共背电极端——COM。将属于不同 COM 的段电极连接在一起，形成公共段电极端——SEG。当在某个 COM 和某个 SEG 之间加了足够的交流电压之后，就会将对应的段点亮（实际上是变黑），如图 2-16 所示。

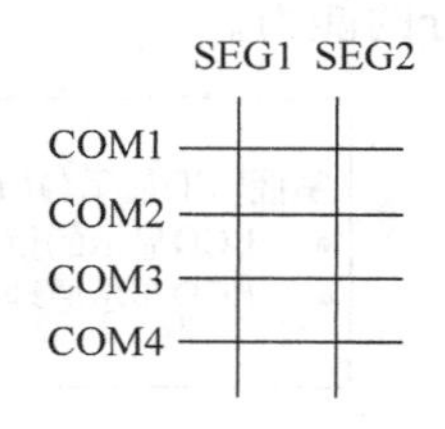

图 2-16 四个 COM 两个 SEG 的 8 段 LCD 显示

一般用四个阶段描述扫描时序，如图 2-17 所示。COM 为低电平时点亮叫做正亮，COM 为高电平时点亮叫做负亮。扫描每个 COM 分成 4 个阶段：正亮，关闭，负亮，关闭。4 个 COM 共有 16 个状态，每个 COM 都有上面所说的 4 个状态。假如每隔 2ms 就切换一次状态，这样整个扫描周期就是 2 * 16＝32ms。COM 是顺序扫描脉冲序列，即正亮、关闭、负亮、关闭，周而复始的出现，能否点亮需看 COM 和 SEG 波形之间迭加的压差关系。

思考：扫描时序如图 2-18，将点亮哪些点呢?

(4) 单片机系统 LCD 驱动

如前文所述，扫描 LCD 的程序流程如下：

① COM1 设置为低电平，其余 COM 为 1/2 高电平，设置 SEG 口为需要的电平（16 个段码），延时 2ms。

② 4 个 COM、SEG 口均设置为低电平，关闭显示，延时 2ms。

③ COM1 设置为高电平，其余 COM 为 1/2 高电平，设置 SEG 口为需要的电平（第一步 16 个段码的取反），延时 2ms。

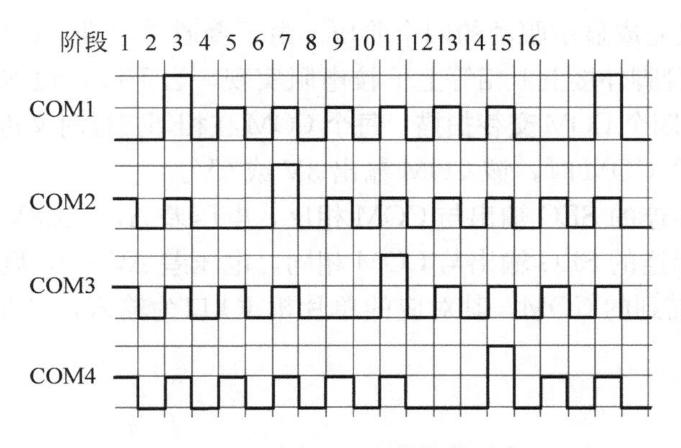

图 2-17　4 个 COM 的扫描时序

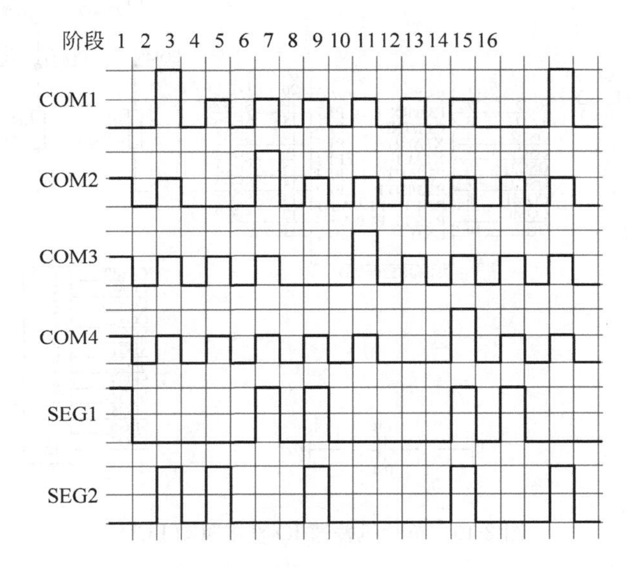

图 2-18　扫描时序图

④ 4 个 COM、SEG 口均设置为低电平，关闭显示，延时 2ms。

对剩下的 3 个 COM 重复前面 4 个步骤，一个完整的扫描就完成了。

单片机系统 LCD 驱动有三种方式：

- 单片机普通 I/O 直接驱动；
- 单片机内置 LCD 驱动器；
- 通过专用芯片驱动。

其中，单片机普通 I/O 直接驱动方式其硬件电路最简单，但软件编程最复杂，完全通过程序代码实现扫描 LCD 的流程。如图 2-19 所示为普通 I/O 直接驱动 LCD 的电路图，需要通过对管脚设置完成显示驱动的四个阶段。由于普通单片机 I/O 口不能直接输出半高电平（1.5V），通过管脚外接上下相等上下拉电阻实现，当 I/O 口设置为输入（高阻）时，产生一个半高电平。四个 COM 交替扫描，每个 COM 在相邻扫描时又进行电压交变方式。

- 扫描到某一个 COM 时，该 COM 输出 3V 或 0V。
- 与该 COM 相连的 SEG 输出与 COM 相反，电压差 $\Delta V=\pm 3$V，则点亮相连点。
- 与该 COM 相连的 SEG 输出与 COM 相同，电压差 $\Delta V=0$，则相连点不亮。
- 其他没有扫描到的 COM，其对应的单片机 IO 口为输入，产生半压，与之相连点均不亮。

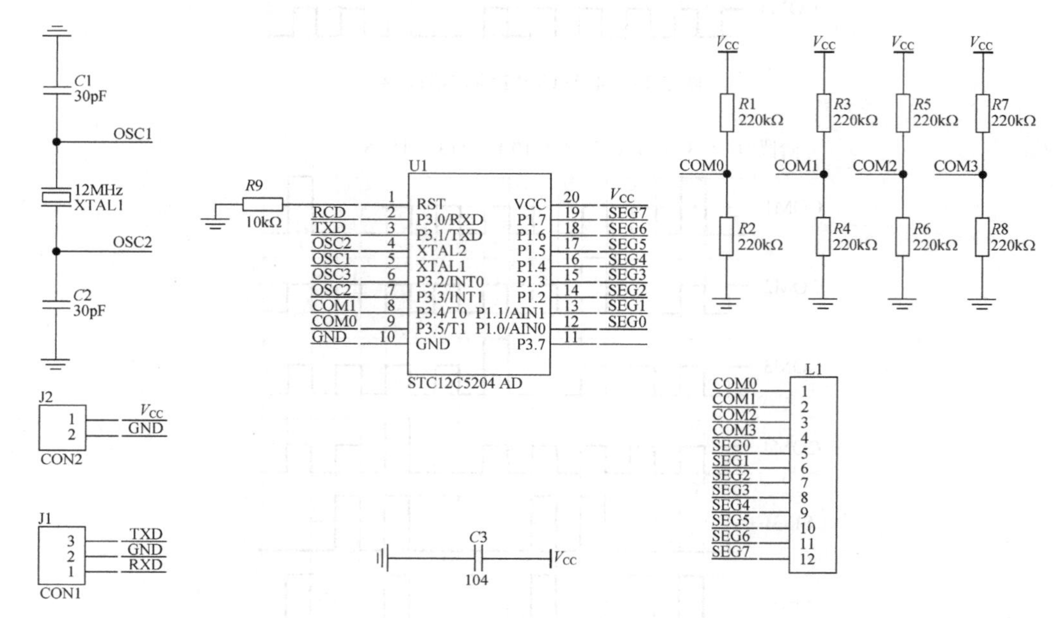

图 2-19　单片机普通 IO 直接驱动 LCD

把 LCD 驱动器直接内置在单片机中，增加了芯片设计的难度，但对于单片机使用者来讲，软件编程简化，例如 PIC（microchip）、msp430f4 系列（TI）具有内置的 LCD 驱动。随着电子技术的发展，芯片成本不断下降，运用专用芯片驱动 LCD 已变得普遍，虽然增加了硬件电路的复杂度，但软件编程简化很多，扫描 LCD 的流程在“黑盒子”中实现，软件编程人员只需调用相关函数。

采用专用驱动芯片实现液晶显示更为普遍，该方法采用的电路设计简单，软件开发主要是处理单片机与芯片的通信，最底层的程序是开发端口通信程序，而上层程序准备显示内容。

2. 单片机与驱动芯片控制程序开发

由于单片机的性能、功能所限，实际的控制器设计时，难免会用到各类驱动芯片实现外设的控制，功能相对简单的芯片（如移位寄存器）一般只需要通过串行或者并行通信方式输出控制数据，而具有复杂控制功能的芯片则程序相对复杂。并行通信方式只需对并行端口输出数据，本文不再讲解通信过程。以下以 TL4094 为例讲解单片机串行通信程序的开发。

（1）简单的驱动芯片控制程序及串行通信程序开发

TL4094 为 8 位移位和存储寄存器，可将串行输入数据转换为并行输出数据。TL4094 与单片机的通信需要三个连线；

STROBE：选通线，高效，输入高电平时，数据可送入 4094 的并口，反之不能传送至并口；

CLOCK：时钟线，当传送数据时，CLOCK 应当是脉冲信号，在脉冲的上升沿将数据线上的数据传送给 4094；

DATA：数据线，选通 4094 的情况下，在 CLOCK 脉冲上升沿时，若 DATA 为高电平信号，4094 接收到信号“1”，DATA 为低电平信号，4094 接收到信号“0”。

因此，对于 4094 的操作，只需三步就可完成芯片的控制。

① 不选通 4094 的并口传送；

② 传送 8 位数据，可以使用循环程序，循环体为传送段码变量的最高位之后段码变量左移 1 位，将下次要传递的位移至最高位；

③ 传送结束，选通 4094 并口传送，将存储器数据传送至并口。

因此 4094 的控制只需完成串行通信程序，如下代码即可完成，对应的流程图如图 2-20 所示。

```
void  Ctl_4094(byte serial_val)                 //4094 送显示段码子函数
{
  byte i;
  e_strobe = 0;                                 //不选通 4094
  for(i = 0;i < 8;i++)                          //由高位至低位串行转并行送数
    {
      e_clk = 0;                                //脉冲低电平
      if((serial_val&0x80) == 0)
        e_data = 0;
      else e_data = 1;                          //送数据
      e_clk = 1;                                //送脉冲高电平,此时数据送到 4094
serial_val >> = 1;                              //送完一位左移一次
}
  e_strobe = 1;                                 //选通 4094
}
```

（2）具有特定控制功能的芯片控制程序开发

功能复杂的芯片，对芯片的控制将包括：命令传输（向芯片传输命令以获得特定工作模式）、数据传输（向芯片内存写入数据）。不管是命令还是数据的传输，单片机都是向芯片传输数据，而芯片工作在何种模式则与起始传输的内容有关，因此用户必须根据芯片手册开发程序。

具体到程序开发时，一般将完成芯片初始化程序、芯片外设驱动程序等。芯片初始化程序写在初始化程序段，配置芯片工作环境。而芯片外设驱动程序则写在主循环或者中断程序中，按照开发要求完成对芯片外设的控制。

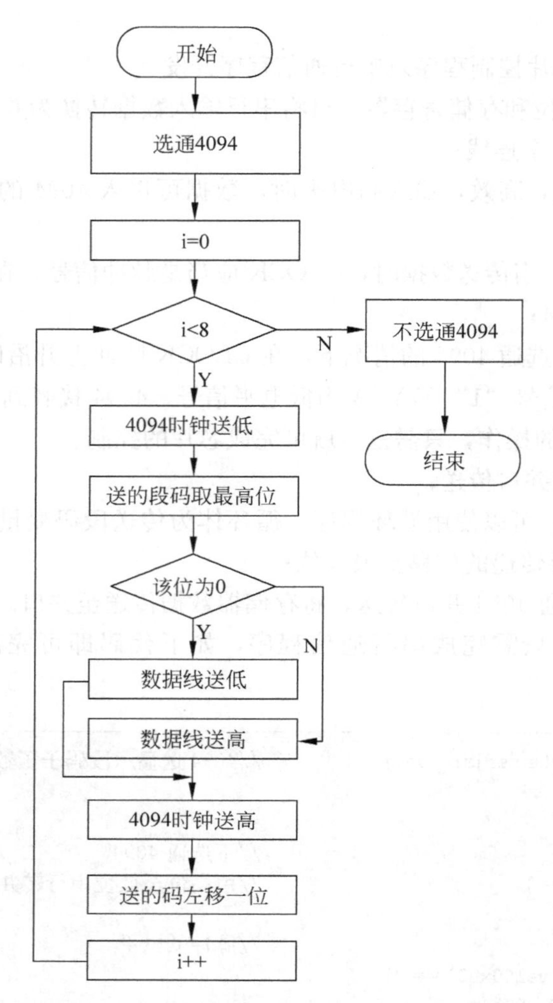

图 2-20　4094 通信程序（送段码程序）流程图

下文将以 HT1621 液晶驱动芯片为例讲解芯片控制程序的开发。

3. HT1621 特性及内部结构

HT1621 是专用的 LCD 驱动芯片，具有以下特性。

- 工作电压：2.4～5.2V；
- 内部 256kHz RC 振荡器；
- 外部 32kHZ 晶振或 256kHZ 频率输入；
- 1/2 或 1/3 偏置选择及 1/2、1/3 或 1/4 占空比 LCD 显示；
- 内部时基频率源；
- 两个可选择的蜂鸣器频率；
- 掉电命令以降低功耗；
- 内部时基发生器及看门狗定时器；
- 32×4 LCD 驱动器；

- 内部 32×4 位显示 RAM；
- 四线串行接口；
- 通过改变由 VLCD 脚至 VDD 脚的串接电阻来调整 LCD 工作电压。

HT1621 的内部框图如图 2-21 所示，包括了控制和定时电路、LCD 驱动器/偏压发生器、看门狗定时器及时基发生器。

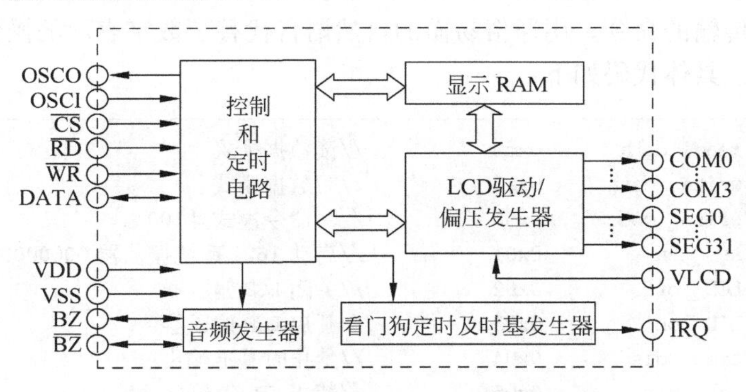

图 2-21　HT1621 内部框图

HT1621 与单片机、LCD 连接示意图如图 2-22 所示。HT1621 芯片与单片机的通信主要是“CS、WR、DATA”三线与单片机进行通信。HT1621 通过 4 个公共端（COM0～COM3）和段管脚（SEG0～SEG31）与 LCD 显示屏相连接，电子智能闹钟系统中仅用了 8 段管脚（SEG0～SEG7）。HT1621 可以运用内部振荡器，也可以外接振荡器电路。

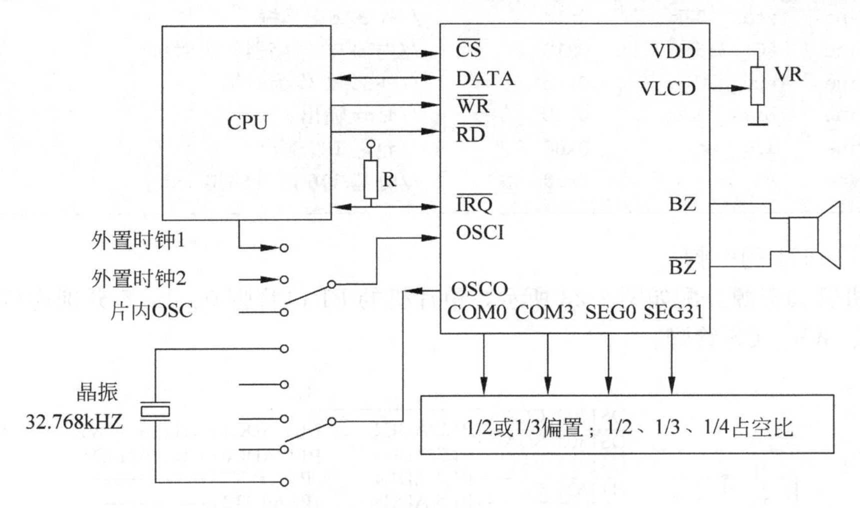

图 2-22　HT1621 与单片机、LCD 连接示意图

4. HT1621 的设置及初始化

通过 HT1621 实现 LCD 驱动，程序包括 HT1621 设置模块、HT1621 引脚连接单片机模块、HT1621 功能的子函数以及 LCD 显示模块。

HT1621 设置模块放在头文件 CMS1621. H 里，定义 HT1621 操作相关的命令名称及对应的命令代码，并声明相关子函数。

为了方便编程，在头文件 IO. H 中定义了 HT1621 与单片机的接口管脚。定义了 HT162 的子程序 CMS1621. C，包括 HT162 的驱动 CMS1621 _ driver（ ）及初始化函数 CMS1621 _ init（ ）。

（1）HT1621 的设置模块

通过头文件 CMS1621. H 定义了 HT1621 的读写数据模式、禁止或允许相关功能、振荡器的选取等需传输的命令。用通俗易懂的自然语言代替了数字表示的操作命令，有利于编程或阅读程序。具体代码如下：

```
#define    read_data     0xc0    //读数据模式
#define    write_data    0xa0    //写数据模式
#define    write_code    0x80    //写命令模式#100
#define    sys_en        0x01    //启动 1621 系统振荡器 00000001-x
#define    LCD_off       0x02    //关闭 LCD 偏压器
#define    LCD_on        0x03    //开启 LCD 偏压器
#define    time_dis      0x04    //禁止时基准输出
#define    wdt_dis       0x05    //禁止 WDT 暂停标记输出
#define    time_en       0x06    //允许时基准输出
#define    wdt_en        0x07    //允许 WDT 暂停标记输出
#define    tone_off      0x08    //蜂鸣器输出禁止
#define    tone_on       0x09    //蜂鸣器输出允许
#define    clr_timer     0x0c    //清除时其发生器内容
#define    clr_wdt       0x0e    //清除 WDT 内容
#define    xtal_32k      0x14    //外 32kHz 晶振
#define    RC_256K       0x18    //内部 RC 振荡器作为时钟
#define    ext_RC        0x1c    //外部 RC 作为时钟
#define    bias_4com     0x28    //4com 输出
#define    irq_en        0x88    //允许 IRQ 输出
#define    f1            0xa0    //时基/WDT 时钟输出 1HZ
```

（2）HT1621 的引脚

单片机管脚资源分配如图 2-23 所示，单片机的 P1 口管脚 0、1、5 分别连接 HT1621 的 DATA、WR、CS 管脚。

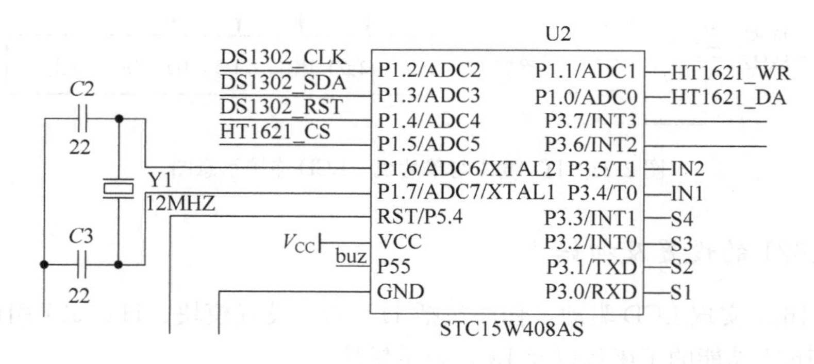

图 2-23　单片机管脚资源分配

为了编程方便，充分运用C语言位寻址语句功能，在头文件IO.H中用形象化易理解的变量名称定义相应的管脚。具体如下所示：

```
//HT1621 引脚定义
sbit   RW_1621 = P1^1;              //由 0 变为 1 时,写数据到 1621
sbit   CS_1621 = P1^5;              //为 1 时禁止读写,为 0 时允许传送数据
sbit   DATA_1621 = P1^0;
```

(3) HT1621的相关函数

HT1621芯片写数据的底层驱动函数CMS1621_driver ()，该函数实现数据的写操作，通过循环语句逐位操作，具体代码如下：

```
{ uchar i, dat = temp;
    for(i = 0;i < cont;i++)                    //循环操作
    {    RW_1621 = 0;                          // RW_1621 置低电平
        if(dat&0x80) DATA_1621 = 1;            //判断要操作的数位是"1"还是"0"
        else   DATA_1621 = 0;
        dat = dat >> 1;                        //数据右移一位,即由高位到低位逐位操作
        _delay(20);                            //延时
        RW_1621 = 1;                           // RW_1621 由 0 变为 1 时,写数据到 1621
        _delay(20);
    }
        RW_1621 = 0;                           // RW_1621 置低电平
}
```

通过调用低层驱动函数CMS1621_driver ()，根据芯片手册完成HT1621的初始化操作，其对应函数为CMS1621_init ()，具体代码如下：

```
_delay(50000);
    CS_1621 = 0;                          //为 0 时允许传送数据
    cms1621_driver(3,write_code);         //进入写命令模式
    cms1621_driver(9,sys_en);             //启动 1621 系统振荡器 00000001 - x
    cms1621_driver(9,LCD_on);             //开启 LCD 偏压器
    cms1621_driver(9,wdt_dis);            //禁止 WDT 暂停标记输出
    cms1621_driver(9,time_en);            //允许时基准输出
    cms1621_driver(9,RC_256K);            //内部 RC 振荡器作为时钟
    cms1621_driver(9,bias_4com);          //4com 输出
    cms1621_driver(9,irq_en);             //允许 IRQ 输出
    CS_1621 = 1;                          //为 1 时禁止读写
}
```

为便于函数的管理，把上述HT1621相关的子函数统一组织在一个子程序中，用CMS1621.C命名，其代码如下：

```
#include"CMS1621.h"
......
void _delay(uint x)
{   ......
}
void cms1621_driver(uchar cont, uchar temp)
{   ......
}
void cms1621_init(void)
{   ......
}
```

LCD、LED显示模块开发

5. LCD显示操作函数

由于LCD显示的驱动由HT1621完成，故LCD显示只需要准备好各显示位数据送到HT1621。针对本实例，LCD是4位显示，高两位和低两位显示时间的时钟和秒钟，且实现中间的两点显示。先进行高两位即分钟的十位和个位的处理，再进行低两位秒钟的十位和个位的处理，最后进行点位的处理。这里借助了数组numtab［］，该数组分别显示0～9及A～F对应的编码。得到各显示位的数据量后，令HT1621进入允许传送数据的状态，并进入写数据模式，通过四次循环分别把4个显示位的数据传送到HT1621，从而在LCD上显示出相应的数据。具体代码如下：

```
{   uchar i;
    for(i=0;i<4;i++)  dsp_buf[0]=i;
    dsp_buf[0]=numtab[(time_min&0x70)<4];      //LCD最高位
    dsp_buf[1]=numtab[time_min&0x0f];          //LCD次高位
    dsp_buf[2]=numtab[(time_sec&0x70)<4];      //LCD次低位
    dsp_buf[3]=numtab[time_sec&0x0f];          //LCD最低位
    if(time_sec&0x01) dsp_buf[0]=dsp_buf[0] | 0x10;
    dsp_buf[4]=0x00;                           //点位
    CS_1621=0;                                 //为0时允许传送数据
    cms1621_driver(3,write_data);              //进入写数据模式
    cms1621_driver(6,0);
    for(i=0;i<4;i++)
    cms1621_driver(8,dsp_buf[i]);              //通过4次循环把四个显示位的数据写入
CS_1621=1;                                     //为1时禁止读写
}
```

任务实施

根据基本程序清单，实现相关功能。

步骤1： 阅读源程序，理解当前LCD显示的数据是什么；更改源程序代码，显示数据改变成“时+分”。

步骤2： 借助LCD显示功能，明确编码表对应的数值或符号。已知unsigned char

code numtab［16］＝｛0xEB，0x0A，0xAD，0x8F，0x4E，0xC7，0xE7，0x8A，0xEF，0xCF，0xEE，0x67，0xE1，0x2F，0xE5，0xE4｝，完成如下任务：

① LCD全部点亮；

② 显示你学号的后4位；

③ 显示你的生日，年（两位）月（两位）。

步骤3：研究numtab［16］编码规律并进行改写，在LCD上显示“LOUE”。

步骤4：完成表2-8所列任务自查表。

表2-8　子任务2.1.4自查表

评分内容		自评成绩
内　容	总分	
1. 能理解原程序中LCD显示的数据是什么	15	
2. 能更改源程序代码，显示数据改变成“时＋分”	15	
3. 能把LCD全部点亮	20	
4. 能显示你学号的后4位	20	
5. 能显示你的生日，年（两位）月（两位）	20	
6. 能在LCD上显示“LOUE”	附加30	
总　分		
任务小结（完成情况、薄弱环节分析及改进措施）：		

子任务2.1.5　开发时钟显示模块

任务目标

任务要求：开发时钟显示模块。完成软件编程和运用时钟芯片计时的相关任务，需要具备的能力如图2-24所示。

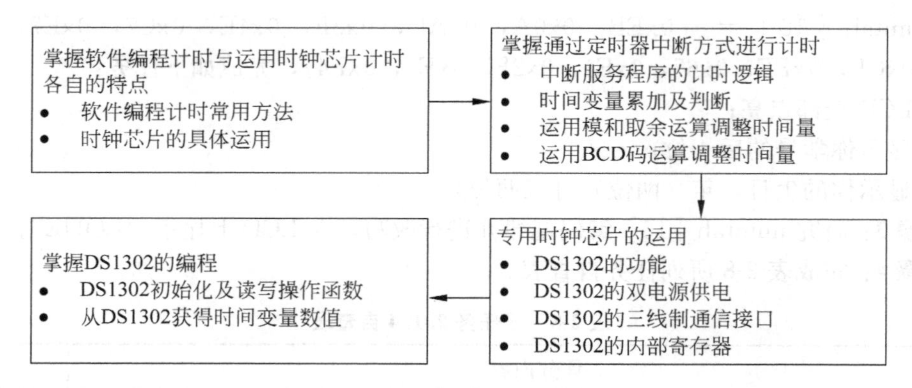

图 2-24　完成任务所需的能力

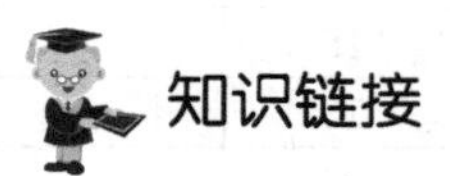

1. 定时与计数

定时，本质上是对周期固定、已知的脉冲进行计数，具体实现方法如下。

- 硬件数字电路：555 构成的定时器和计数器；
- 软件编程：单片机软件编程进行脉冲计数；
- 可编程定时/计数器：采用专用独立的定时器芯片。

定时/计数器计数的最大值有一定限制，取决于计数器的位数，当定时的时间或计数终止时，发出中断申请或使用查询方式，以便实现定时或计数控制。

2. 软件编程与专用定时芯片的对比

软件编程方法是采用单片机内部或外部晶振来产生脉冲，通过单片机内部的计时器经过分频产生秒脉冲，然后通过软件编程来实现计时和显示（可利用定时器中断功能或查询功能)。采用专用的时间芯片独立计时，通过单片机软件编程实现显示等相关功能。

前者外围器件少，但软件编程复杂，晶振产生的秒脉冲由于受到温漂的影响和程序执行时延时的影响，产生计时误差，当单片机断电时时间计时停止。后者具有掉电保护功能，可以单独带电池，增加了一部分外围电路，但软件编程相对简单，计时准确。

3. 软件编程实现计时方法

软件编程方法首先要对定时器进行管理，通过特殊功能寄存器确定工作方式、预置定时或计数的初值，并根据需要开放定时器、计数器的中断（如使用中断方式)。单片机定时器的主要寄存器是：中断允许控制寄存器、控制寄存器和定时器/计数器模式控制寄存器等。如下代码是通过宏定义对特殊功能寄存器进行相关定义。

```
//------------------------------         //宏定义
#define TH0_int  0xff                     //定时器 0 设置初值(高 8 位)
#define TL0_int  90                       //定时器 0 设置初值(低 8 位)
```

```
#define TMOD_int 0x01
#define TCON_int 0x10
//------------------------                    //定时器 0 设置
EA = 0;                                        //中断总禁止
TMOD = TMOD_int;                               //设定定时器工作模式
TR0 = 1;                                       //定时器 0 开始计时
TL0 = TL0_int;                                 //设定定时器初值
TH0 = TH0_int;
ET0 = 1;                                       //允许定时中断
EA = 1;                  //中断总允许后中断的禁止与允许由各中断源的中断允许控制位进行设置
```

如果采用中断方式，则是通过中断服务程序达到计数计时的功能。即通过定时器中断溢出周期来计时，每计时溢出一次，则进入中断一次进行计时，以中断溢出的计时为基准，再进行累计形成这毫秒、秒、分钟和小时……。如下中断服务程序是每 250ms 定时器中断一次，当累计到 15 次时，则达到 4ms 的计时，250 个 4ms 则达到 1s。

```
void timer0int(void) interrupt 1 using 1      //0.25 中断一次
{
    TF0  =  0;                                 // Clear Timer0 interrupt flag
    TR0 = 0;                                   //定时器 0 关闭计时
    TL0 = TL0_int;                             //设定定时器初值
    TH0 = TH0_int;
    TR0 = 1;                                   //定时器 0 开始计时
    To_4ms++;
    if(To_4ms>15)                              //4ms 平台
    {
        To_4ms = 0;
        To_1s++;
        if(To_1s 249)                          //1s 平台
        {
            To_1s = 0;
            sec++;
        }
    }
}
```

4．BCD 码

软件编程在中断服务程序中进行计时处理，主要是通过 8 位无符号型变量进行数值累加，一旦变量的低四位二进制数值超过 9 时，进一步累加达到 A、B，直至 F，然后低四位清零并向高四位进 1。为了符合我们计数的常规，可以引入了 BCD 码的处理。

BCD 码（Binary-Coded Decimal）亦称二进码十进数或二-十进制代码。用 4 位二进制数来表示 1 位十进制数中的 0～9 这 10 个数码。BCD 码是一种二进制的数字编码形式，用二进制编码的十进制代码。BCD 码可分为有权码和无权码两类：有权 BCD 码有 8421 码、2421 码、5421 码，其中 8421 码是最常用的；无权 BCD 码有余 3 码、格雷码。

8421 BCD码是最基本和最常用的BCD码，它和四位自然二进制码相似，各位的权值为8、4、2、1，故称为有权BCD码。和四位自然二进制码不同的是，它只选用了四位二进制码中前10组代码，即用0000～1001分别代表它所对应的十进制数，余下的六组代码不用。如下函数是BCD码加1函数，由于BCD码与十六进制加法不同所做的特殊处理。

```
uchar bcd_add(uchar num,uchar max)   // num为被调整的BCD码,MAX是这个BCD码的十进制最大数值
    {
        num++;
        if((num&0x0F)> 0x09)num = (num&0xF0) + 0x10;   //假如低位大于数值9,则高位加1,低位清0
        if(num> max) num = 0;                  //假如已达到上限值,则清零
        return(num);                           //返回被调整过的BCD码
    }
```

5. 时钟芯片 DS1302

由于单片机的时钟是由工作频率决定的，而工作频率取决于晶振电路，这些器件本身会有一定的误差，这些误差累加起来就会慢慢变大，另外单片机计数的时候还会产生语句运行的时间导致的误差。专门的时钟芯片只提供时钟信号，所以比较精确。电子智能闹钟采用了专用时钟芯片DS1302，该芯片由美国DALLAS公司推出，具有低功耗的特点，它可以对年、月、日、周、时、分、秒进行计时，且具有闰年补充等多种功能。该芯片具有双电源供电特性，DS1302的管脚分布及外围电路如图2-25所示，当系统板通电时由系统电源供电，其他时间由专用电池供电，这样确保了DS1302时时计时。

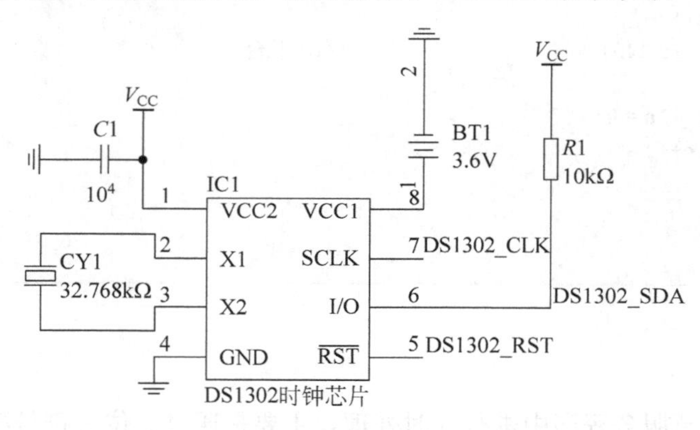

图2-25　DS1302的管脚分布及外围电路

DS1302的内部框图如图2-26所示，与外界通信通过三个管脚，即采用“三线接口”。SCLK管脚是三线接口的串行时钟端，用来控制数据的输入与输出。SDA管脚是三线接口的双向数据线。RST管脚是复位端，启动控制字访问移位寄存器的控制逻辑，以及提供结束单字节或多字节数据传输的方法。该芯片与单片机之间采用SPI（Serial Peripheral Interface）三线制接口，如图2-27所示。

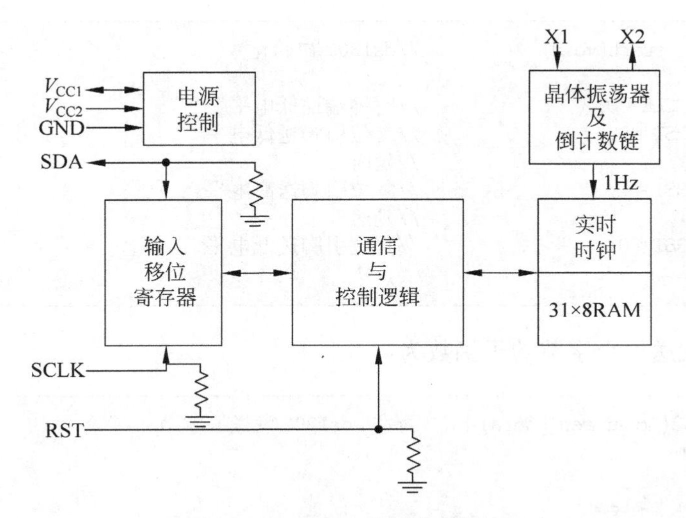

图 2-26　DS1302 芯片内部框图

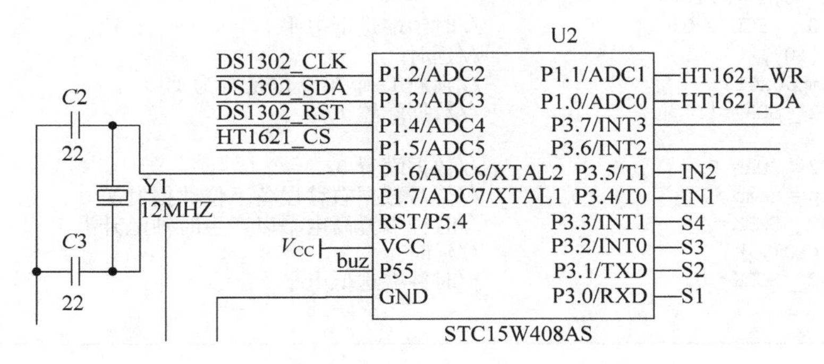

图 2-27 单片机与 DS1302 通过“三线”进行连接

DS1302 的内部主要寄存器见表 2-9。

表 2-9　DS1302 的内部主要寄存

寄存器名称	命令字		取 值 范 围	各位内容							
	写	读		7	6	5	4	3	2	1	0
秒寄存器	80H	81H	00～59	CH	秒十位			秒个位			
分寄存器	82H	83H	00～59	0	分十位			分个位			
小时寄存器	84H	85H	01～12 或 00～23	12/24	0	小时十位		小时个位			
日期寄存器	86H	87H	01～28，29，30，31	0	0	日期十位		日期个位			
月份寄存器	88H	89H	01～12	0	0	0	月份十位	月份个位			
周寄存器	8AH	8BH	01～07	0	0	0	0	0	星期几		
年份寄存器	8CH	8DH	00～99	年十位				年个位			

运用 DS1302，其主要操作包括芯片初始化、向芯片发送或读取一个字节、向芯片读或写数据以及从芯片读取时间信息等。以下为各个具体操作的函数代码。

DS1302 芯片初始化子函数为：

```
void  ds1302_start(void)              //ds1302 初始化
{
    DS1302_SCLK=0;                    //时钟端送低电平
    DS1302_RST=0;                     //复位引脚送低电平
    delay(10);                        //延时
    DS1302_RST=1;                     //复位引脚送高电平
    delay(10);                        //延时
    DS1302_RST=0;                     //复位引脚送低电平
}
```

向 DS1302 发送一个字节的子函数为：

```
void sen_1302(uchar sen_data)         //向 ds1302 发送一字节
{   uchar temp;
    uchar i;
    temp=sen_data;
    DS1302_RST=1;                     //复位引脚置高电平
    for(i=0;i<8;i++)
    {DS1302_SCLK=0;                   //时钟端送低电平
    delay(10);                        //延时
    if(temp&0x01)                     //判断 temp 第 0 位是否为 1
    DS1302_SDA=1;                     //数据端置 1
    else
    DS1302_SDA=0;                     //数据端置 0
      temp=temp>1;                    //待写数据右移以备下位数据发送
    DS1302_SCLK=1;                    //时钟端置高电平以产生时钟上升沿
    delay(10); }                      //延时
    DS1302_SCLK=0;                    //时钟端送低电平
}
```

从 DS1302 读一个字节的子函数：

```
uchar  receive(void)                              //从 ds1302 读一字节
{
    uchar i;
    uchar receive_buf;
    DS1302_RST=1;
    DS1302_SDA=1;
    for(i=0;i<8;i++)                              //循环 8 次
    {
        DS1302_SCLK=0 ;                           //时钟端送低电平
        delay(10);                                //延时
         receive_buf=receive_buf>>1;              //读取的数据右移,准备保存下一位数据
        if(DS1302_SDA==1)                         //如果数据端为 1
            receive_buf=receive_buf | 0x80;       //保存一位数据 1
        else                                      //数据端为 0
            receive_buf=receive_buf&0x7f;         //保存一位数据 0
        DS1302_SCLK=1;                            //时钟端置高电平
        delay(10);
    }                                             //延时
    DS1302_SCLK=0;                                //时钟端送低电平
    return(receive_buf);                          // 返回读取的数据
}
```

写数据到 DS1302 的子函数：

```
void _Wr_data(uchar wr_adr,uchar wr_data)          //写数据到 ds1302
{
    DS1302_SCLK=0;                                 //时钟端送低电平
    delay(20);                                     //延时
    DS1302_RST=1;                                  //复位引脚置高电平
    delay(20);                                     //延时
    sen_1302(wr_adr);                              //送 ds1302 内部寄存器地址
    sen_1302(wr_data);                             //送写入 ds1302 的数据
    DS1302_RST=0;                                  //复位引脚送低电平
    }
```

从 DS1302 读数据的子函数：

```
uchar  read_da(uchar read_code)                  //读数据从 ds1302
{     uchar read_temp;
      DS1302_SCLK=0;                             //时钟端送低电平
      delay(20);                                 //延时
      DS1302_RST=1;                              //复位引脚置高电平
      delay(20);                                 //延时
      sen_1302(read_code);                       //送 ds1302 内部址址
      read_temp=receive();                       //读数据
      DS1302_RST=0;                              //复位引脚送低电平
    return(read_temp);                           //返回读取的数据
}
```

从 DS1302 中获取时间信息的子函数：

```
void read_time(void)
{  time_sec=   read_da(0x81);                  //读取秒
   time_min=   read_da(0x83);                  //读取分
   time_hour=  read_da(0x85);                  //读取时
   time_data=  read_da(0x87);                  //读取日
   time_moon=  read_da(0x89);                  //读取月
   time_year=  read_da(0x8D);                  //读取年
}
```

任务实施

软件编程和运用定时器芯片实现计时并通过 LCD 正常显示，按如下步骤完成。

步骤 1： 在定时器中断服务程序中增加 min，hour 变量，通过该变量进行 LCD 显示，观察会出现什么现象，为什么？

步骤 2： 将表 2-10 补充完整，然后分别利用如下两个方法解决步骤 1 出现的异常现象。

① 借助除法取模和取余的做法；

② 借助 BCD 码加 1 的函数。

表 2-10　BCD 表

二进制	十六进制	十进制	BCD	(sec&0x70)>>4	sec&0x0f	sec/10	sec%10
0000　0000	0x00	0	0x00				
0000　0001	0x01	1	0x01				
…							
0000　1001	0x09	9	0x09				
0000　1010	0x0A	10	0x10				
…							
0000　1111	0x0F	15	0x15				
0001　0000	0x10	16	0x16				

步骤 3： 为了验证程序中计时在逻辑上是否正确，如 59 秒后是否秒钟位清零且分钟位加 1，或者 59 分后是否分钟位清零且小时位加 1，等等。为了提高效率，需要在调试阶段进行加快显示。请运用该方法完成小时和分钟显示的验证。

步骤 4： 从时钟芯片上直接读取时间信息，在 LCD 上显示分钟和秒钟。

步骤 5： 完成表 2-11 所列任务自查表。

表 2-11　子任务 2.1.5 自查表

评分内容		自评成绩
内　容	总分	
在定时器中断服务程序中增加 min，hour 变量，通过该变量进行 LCD 显示，能解释出现的异常现象	20	
借助除法取模和取余的做法，能在 LCD 上正常显示时间	20	
借助 BCD 码加 1 的函数，能在 LCD 上正常显示时间	20	
加快小时和分钟的变化并在 LCD 上显示出来	20	
从时钟芯片上直接读取时间信息，在 LCD 上显示分钟和秒钟	20	
总　分		
任务小结（完成情况、薄弱环节分析及改进措施）：		

子任务 2.1.6　开发智能闹钟摇摆次数检测及处理程序

任务目标

任务要求：编写代码，完成闹钟摇摆次数检测程序，并开发相应蜂鸣和 LCD 显示功能，完成相关任务需要具备如图 2-28 所示细分的能力。

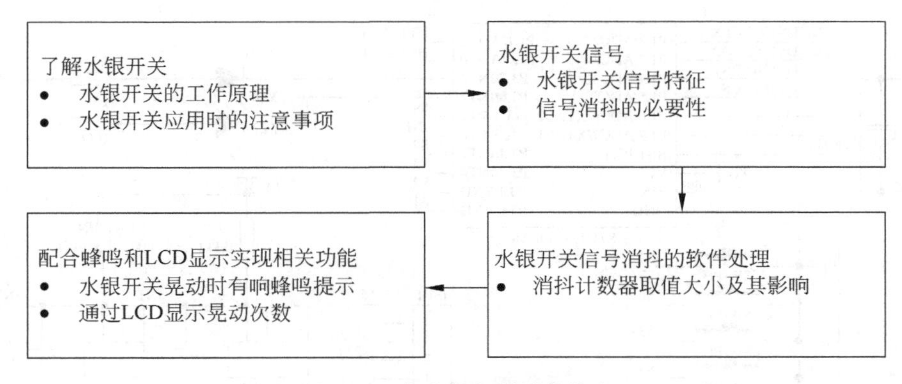

图 2-28　完成任务所需的能力

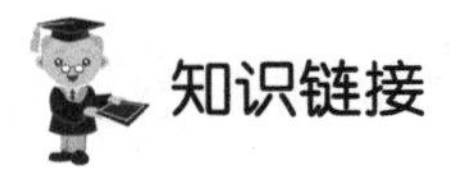

知识链接

1. 水银开关的工作原理

因为重力，水银水珠会向容器中较低的地方流去，如果同时接触到两个电极，开关便会将电路闭合，开启开关。水银开关如图 2-29 所示。

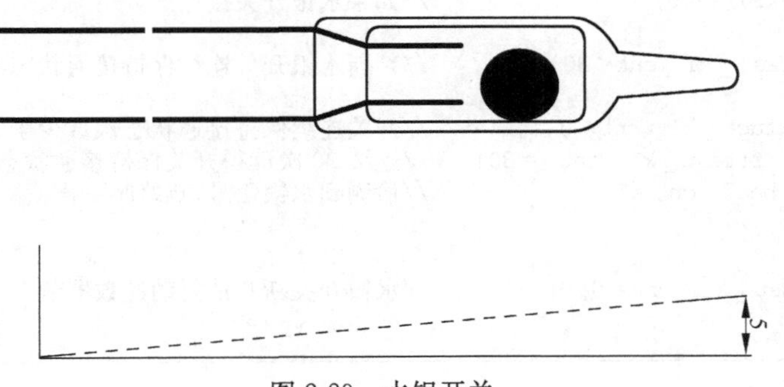

图 2-29　水银开关

与水银开关功能类似的是滚珠开关，相比滚珠开关，水银开关因本身材质问题在环保性能方面差一些，采用了有毒材料汞导通触点，无法达到环保要求。但由于滚珠开关的导通方式是金属珠同触发导针通电产生信号的，滚珠同触发导针的接触面积较小且滚珠是活动的，因此导通有时会出现闪断现象，而水银开关是汞同触发端接触，因汞是液态，接触面大而稳定，一般来说导通效果更稳定。

图 2-30 是水银开关在电子智能闹钟系统中的接法，采用外接上拉电阻，通过端子 IN1 连接到单片机的 P3.4 管脚。

2. 水银开关信号消抖

由于单片机读取开关信号时会受干扰信号的影响，同时水银开关在接通和断开期间均存在抖动，为了把抖动和干扰信号区别开来，需做水银开关信号的消抖处理。基本思路是，判断水银开关连续导通或断开的次数是否达到指定值，如果达到则认为水银开关正常导通或断开，否则认为是干扰信号。为了便于调试，通常借助蜂鸣信号来判断水银开关的状态。

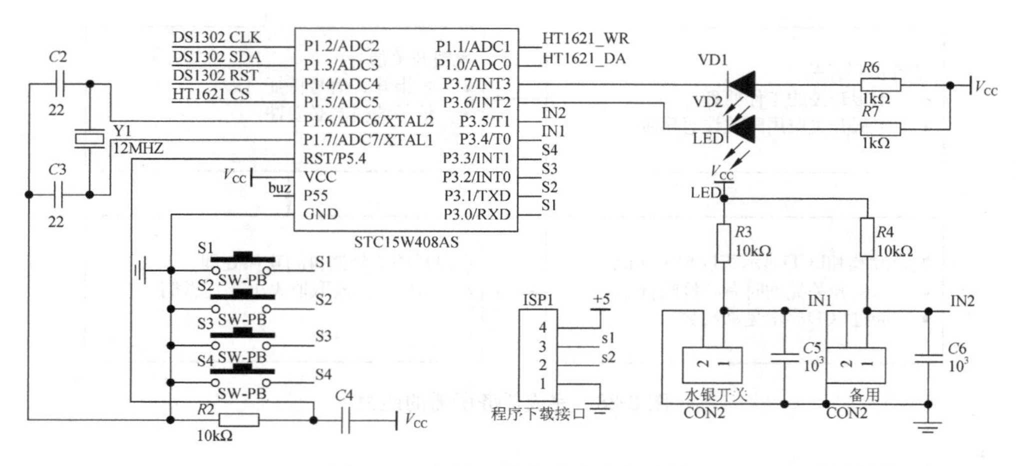

图 2-30　水银开关在电路中的连接

消抖处理的程序部分如下：

```
void tast_k1(void)
{
    P3 = P3 | 0x10;                    //让 P3.4 为高电平,产生弱上拉
    if((P3&0x10) == 0)                 //如果水银开关接通
    {
        if(tast_k1_cnt < 30)           //判断水银开关连续保持接通状态的次数
        {
            tast_k1_cnt++;             //开关连续保持接通状态次数少于 30 次继续累加
            if(tast_k1_cnt == 30)      //连续 30 次读得开关保持接通状态判断为已接通
            beef_cnt = 1;              //检测到水银信号,响蜂鸣一声
        }
    }
    else  tast_k1_cnt = 0;             //水银开关断开消抖动计数器清 0
}
```

任务实施

通过调试对比消抖计数器取值太小或太大的影响，并配合蜂鸣和 LCD 显示完成水银开关晃动次数的统计。

步骤 1：改变消抖计数器变量的判断限值，如取为 5 或取为 100，分别会出现什么现象？为什么？选择合适的数值做为判断限值。

步骤 2：实现水银开关晃动一次响蜂鸣两声的功能。

步骤 3：通过 LCD 显示晃动水银开关的次数。

步骤 4：完成表 2-12 所列任务自查表。

表 2-12　子任务 2.1.6 自查表

评分内容		自评成绩
内　容	总分	
改变消抖计数器变量的判断限值，取为 5，描述出现的现象，并能正确进行解释	25	

续表

评分内容		自评成绩
内　　容	总分	
改变消抖计数器变量的判断限值，取为 100，描述出现的现象，并能正确进行解释	25	
实现水银开关晃动一次响蜂鸣两声的功能	25	
通过 LCD 显示晃动水银开关的次数	25	
总　　分		
任务小结（完成情况、薄弱环节分析及改进措施）：		

子任务 2.1.7　开发按键模块

任务目标

任务要求：完成按键响蜂鸣及 LCD 显示键码等相关任务，需要具备如图 2-31 所示细分的能力。

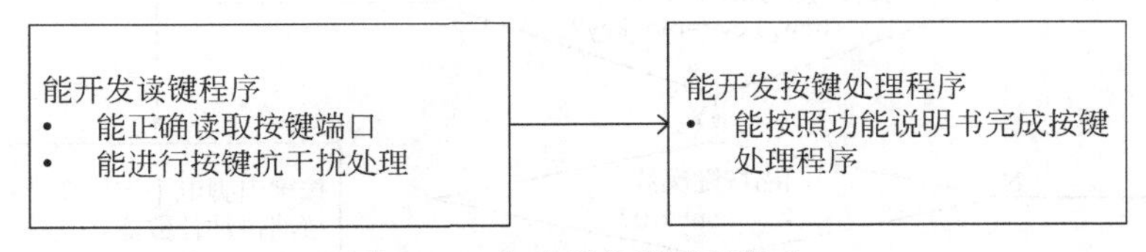

图 2-31　完成任务所需的能力

知识链接

在第一部分已详细介绍了按键处理的相关内容，根据本项目的硬件电路，软件消抖的按键扫描函数如下：

```
void key_scan(void)
{
    P3 = P3 | 0x0f;                 //读外部引脚电平先送高电平,使用了内部弱上拉
    old_key = new_key;              //保存上次键引脚电平
    new_key = P3&0x0f;              //保存当前键引脚电平
    if(new_key == old_key)          //如果前后两次引脚电平一样,说明电平稳定
    {
        if(key_cont < 10)
        {
            key_cont++;
            if(key_cont == 10)      //连续十次引脚电平一样,说明键值已稳定
```

```
            {
                if(new_key!= 0x0f)          //判断是否有按键按下
                {
                  key_out = 1;              //有新键值更新
                  key = new_key;            //保存新键值
                }
              }
          }
      }
      Else key_cont = 0;                    //按键引脚电平发生变化,清消抖动计数器
  }
```

按键读键流程图如图 2-32 所示。

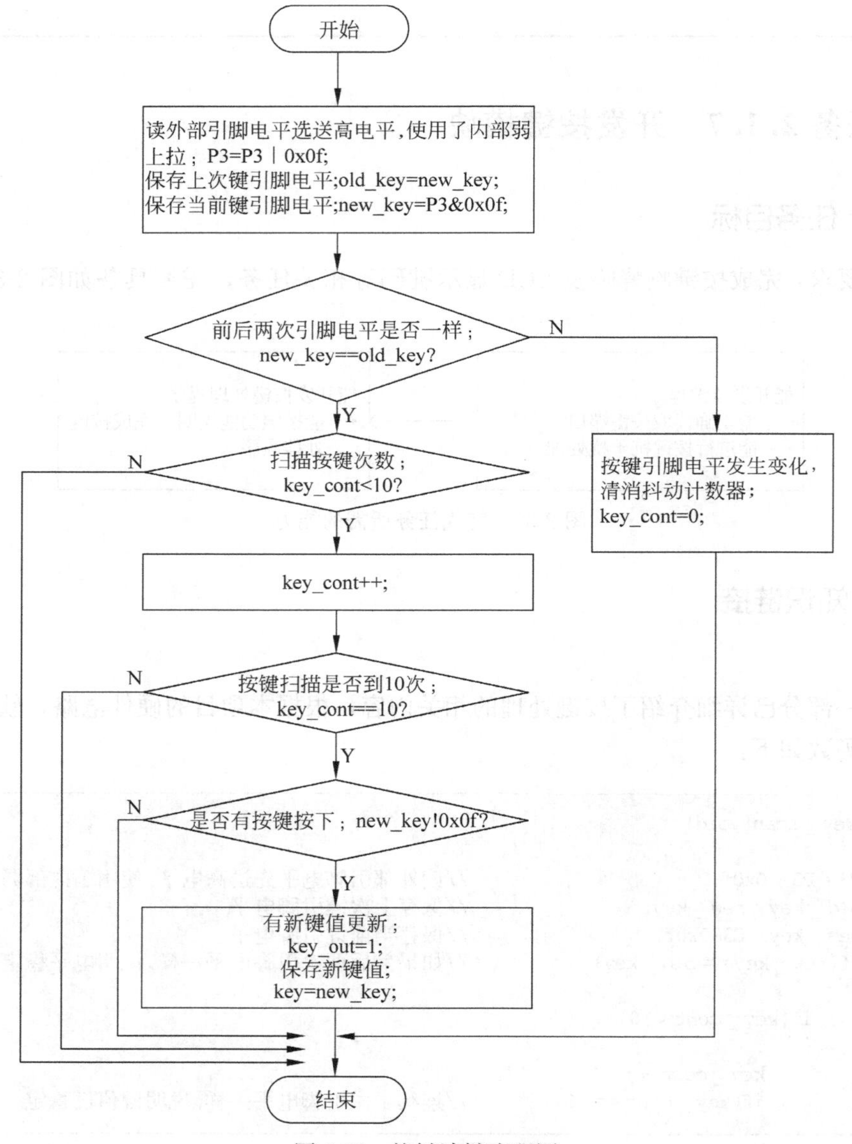

图 2-32　按键读键流程图

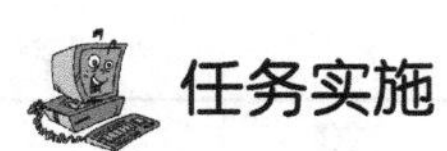

任务实施

根据电子智能闹钟的硬件电路，能正确分析出每个按键的键码。通过调试对比扫描计数器（key _ cont）取值太小或太大的影响，并实现按键响蜂鸣和通过 LCD 显示键码。

步骤 1：如图 2-33 所示，识别按键接法属于哪一种，并分析各个按键的键码，完成表 2-13 的内容；实现按键通过 LCD 显示相应键码的功能。

表 2-13　按键接法

P3．3	P3．2	P3．1	P3．0	Key code
S4	S3	S2	S1	
1	1	1	0	
1	1	0	1	
1	0	1	1	
0	1	1	1	

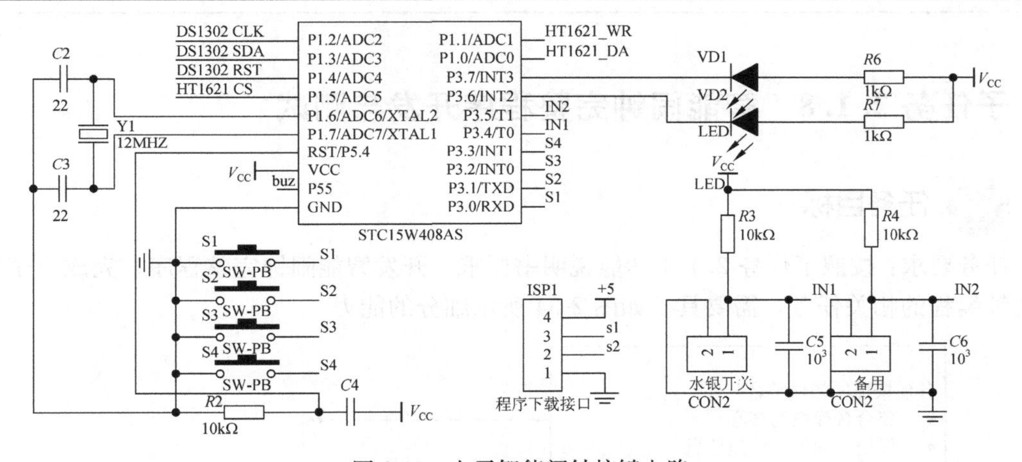

图 2-33　电子智能闹钟按键电路

步骤 2：按键扫描函数（void key _ scan（void））中计数器变量的判断限值为 10，即 if（key _ cont＝＝10），改变该限值，如取为 3 或取为 30，分别会出现什么现象？为什么？

步骤 3：实现按键响蜂鸣提示的功能。

步骤 4：按键扫描函数 void key _ scan（void）是否考虑了按键松开的变化？

步骤 5：完成表 2-14 所列任务自查表。

表 2-14　子任务 2.1.7 自查表

评分内容		自评成绩
内　　容	总分	
识别按键接法，并分析得出了各个按键的键码，实现了按键通过 LCD 显示相应键码的功能	20	
改变按键计数器变量的判断限值，取为 3，描述出现的现象，并能正确进行解释	20	
改变按键计数器变量的判断限值，取为 30，描述出现的现象，并能正确进行解释	20	
实现按键响蜂鸣提示的功能	20	

续表

分析按键扫描函数 void key _ scan（void）是否考虑了按键松开的变化	20	
总　分		
任务小结（完成情况、薄弱环节分析及改进措施）：		

子任务 2.1.8　智能闹钟完整程序开发与测试

任务目标

任务要求：按照了任务 2.1.1 功能说明书要求，开发智能闹钟完整程序。完成电子智能闹钟编程的相关任务，需要具备如图 2-34 所示细分的能力。

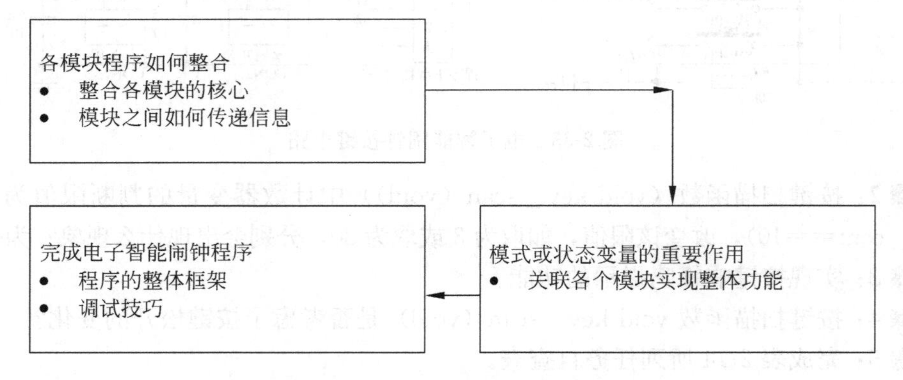

图 2-34　完成任务所需的能力

知识链接

1. 整合功能模块

电子智能闹钟的主函数把各功能模块的函数进行整合并调用，包括 DS1302 初始化、Ds1302 启动、HT1621 初始化、LCD 显示管理、从 DS1302 读数据、蜂鸣器管理、按键扫描、读水银开关、键值处理、LED 显示管理以及闹钟管理。主函数代码如下：

```
void main(void)
{  Rst_delay=10;
   //定时器0设置
   ……
   MCU_init();                          //初始化HT1621
   Beef_cont=1;                         //响蜂鸣器一声
   while(1)
   {
       if(Clock)
       {
           Clock=0;
           Lcd_dsp();                   // LCD显示管理
           read_time();                 //读时间,从ds1302读数据
          Beef_control();               //蜂鸣器管理
           key_scan();                  //按键扫描
           tast_k1();                   //读水银开关
           key_control();               //键值处理
           LED_control();               // LED显示管理
           Alarm_clock_control();       //闹钟管理
       }
   }
}
```

2. 信息传递及实时性

多个功能模块的函数相对独立，但为了完成整体功能，模块之间要相互进行信息的传递，保证实时性处理，通常采用如下几种方式实现信息的实时传递。

(1) 运用全局变量

比如在本项目的程序中定义全局变量 time_sec，time_min，time_hour，Beef_cont 等变量，这些变量的作用范围是所有子程序和子函数。

(2) 运用标记

标记也是变量，但其取值通常只有两个值，如“0”和“1”，从逻辑上可以理解为“无”和“有”。通过判断标记，进行不同状态和过程的处理，能保证整个程序条理清晰，增强程序的可读性。如，响蜂鸣标记 beef_flag、闹铃标记 Alarm_Flg 和主时钟平台 clock。

(3) 设置变量表示任务状态

在 LED 显示、LCD 显示及按键操作模块借助这些变量执行相应的任务，电子智能闹钟中定义了变量 Set_mode，当 Set_mode 取不同的值时，对应于不同的模式或状态。

Set_mode=0　　正常时间显示模式；

Set_mode=1　　设置当前时间模式（高两位：小时）；

Set_mode=2　　设置当前时间模式（低两位：分钟）；

Set_mode=3　　设置闹钟时间模式（高两位：小时）；

Set_mode=4　　设置闹钟时间模式（低两位：分钟）；

Set_mode=5　　设置摇摆次数模式

如下是不同模式或状态时，两个LED灯的显示不同，本质上借助两个LED灯状态实现对用户的信息传递。程序运行时，用户通过LED灯的状态跟踪系统当前的状态，如下是LED灯显示管理的子函数。

```
void LED _ control(void)
{
    if(Set _ mode == 0)              //正常时间显示模式
    {  Led2 = 0;   Led1 = 0;   }
    else   if(Set _ mode == 1)       //设置当前时间模式
    {  Led2 = 1;   Led1 = 0;   }
    else  if(Set _ mode == 2)        //设置当前时间模式
    {  Led2 = 1;   Led1 = 0;   }
    else  if(Set _ mode == 3)        //设置闹钟时间模式
    {  Led2 = 0;   Led1 = 1;   }
    else  if(Set _ mode == 4)        //设置闹钟时间模式
    {  Led2 = 0;   Led1 = 1;   }
    else  if(Set _ mode == 5)        //设置摇摆次数模式
    {  Led2 = 1;   Led1 = 1;   }
}
```

不同模式或状态下，通过按键实现相应的设置，如下是按键控制的子函数，把按键操作与相应的模式或状态对应起来，按键处理流程如图2-35所示。

```
void key _ control(void)
{   if(key _ out)
    {
        key _ out = 0;
        switch(key)
        {
          case 0x0e:Beef _ cont = 1;
                    if(Set _ mode == 3)
                    Alarm _ clock _ en = !Alarm _ clock _ en;
                    //在进入设置闹钟时间设置条件下,可以启动/停止闹钟功能
          break;
        case 0x0d: Beef _ cont = 1;
                    Set _ mode++;                        //模式切换
                    if(Set _ mode == 5)
                    …
                    break;
        case 0x0b:if(Set _ mode == 1)                    //在设置时间小时模式
                    …
        }
    }
}
```

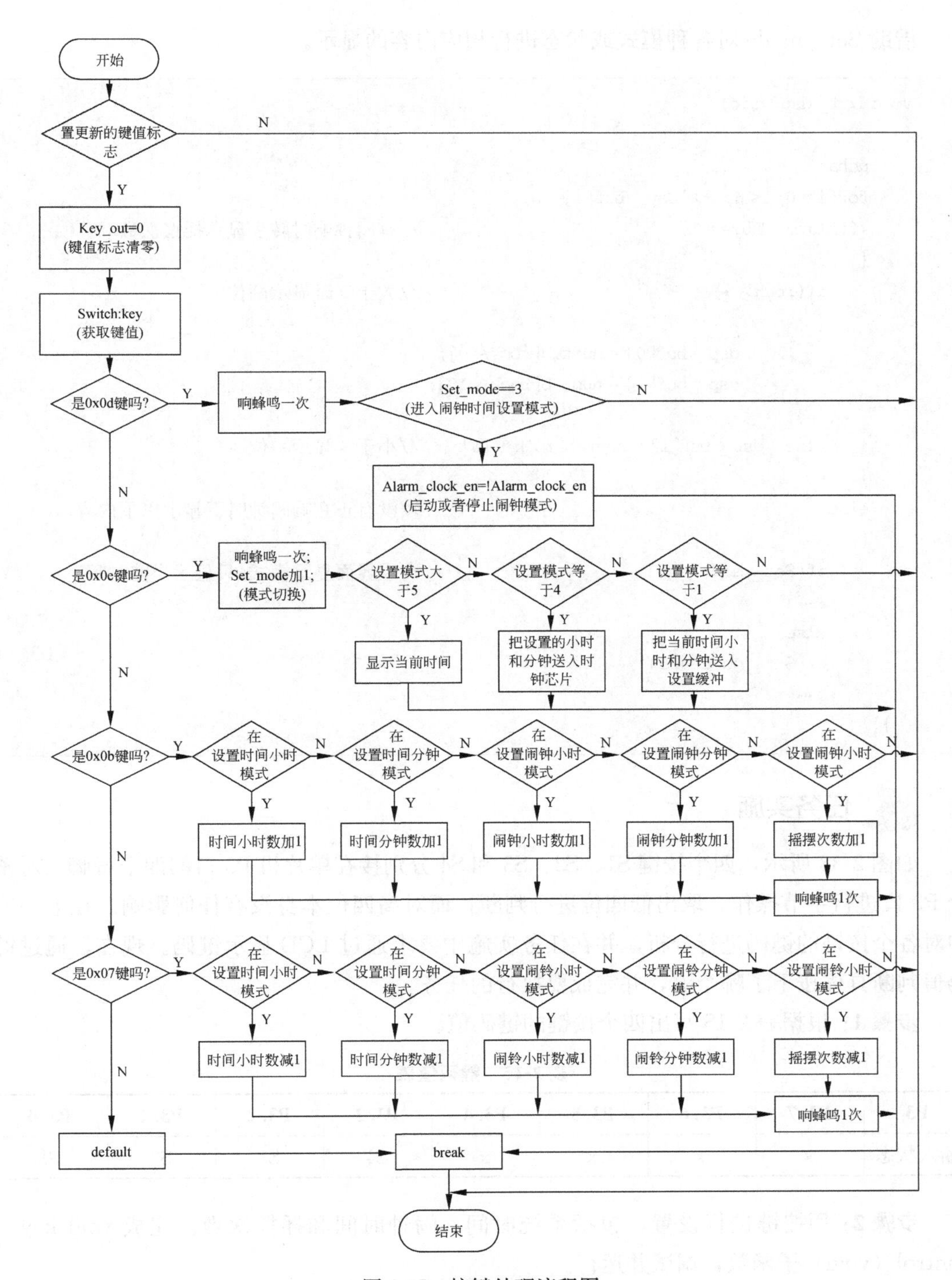

图 2-35　按键处理流程图

借助 Set _ mode 对各种模式或状态进行相应内容的显示。

```
void Lcd _ dsp(void)
{
    uchar i;
    for(i = 0;i < 4;i++)dsp _ buf[i] = 0;
    if(Alarm _ Flg == 1)                        //有闹钟响时转去显示摇摆次数
    {
        if(rock > 9)                            //大于 9 时显示两位
        {
                dsp _ buf[0] = numtab[rock/10];
                dsp _ buf[1] = numtab[rock % 10];
          }
        else  dsp _ buf[1] = numtab[rock % 10];   //小于 9 显示一位
    }
    else                                        //没有正在响闹钟时下显示以下内容
    {
        if(Set _ mode == 0)                     //主界面显示模式,只显示当前时间
        {…}
        else
        if(Set _ mode == 1)
        {…}
…}}
```

任务实施

如图 2-33 所示，四个按键 S1、S2、S3 和 S4 分别接在单片机 P3 口的四个管脚，对整个 P3 口进行字节操作，取出低四位进行判断，而对高四位本身没有任何影响。在上一节中对各个按键的键码进行分析，并在任务实施中要求通过 LCD 显示键码。现在，通过键码值判断具体按下了哪个键，并完成要执行的任务。

步骤 1： 根据表 2-15 写出四个按键的键码值。

表 2-15　键码值表

P3	P3.7	P3.6	P3.5	P3.4	P3.3	P3.2	P3.1	P3.0
输入状态	x	x	x	x	S4	S3	S2	S1

步骤 2： 用按键进行设置，包括系统时间、闹钟时间和摇摆次数。完成 void key _ control（void）子函数，调试并运行。

步骤 3： 实现整点闹铃。开发 void Alarm _ clock _ control（void）子函数，调试并运行。

步骤 4： 使用水银开关通断次数来清除闹铃。完成 void tast _ k1（void）子函数，调试并运行。

步骤 5： 完成表 2-16 所列的任务自查表。

表 2-16　子任务 2.1.8 自查表

<table>
<tr><td colspan="2">评分内容</td><td rowspan="2">自评成绩</td></tr>
<tr><td>内　　容</td><td>总分</td></tr>
<tr><td>写出四个按键的键码值，掌握从变量中取出特定位的语句</td><td>10</td><td></td></tr>
<tr><td>用按键进行设置，包括系统时间、闹钟时间和摇摆次数。完成 void key _ control（void）子函数，调试并运行</td><td>15</td><td></td></tr>
<tr><td>实现整点闹铃。完成 void Alarm _ clock _ control（void）子函数，调试并运行</td><td>15</td><td></td></tr>
<tr><td>使用水银开关通断次数来清除闹铃。完成 void tast _ k1（void）子函数，调试并运行</td><td>15</td><td></td></tr>
<tr><td>实现整个电子智能闹钟的功能</td><td>45</td><td></td></tr>
<tr><td colspan="2">总　　分</td><td></td></tr>
<tr><td colspan="3">任务小结（完成情况、薄弱环节分析及改进措施）：</td></tr>
</table>

任务 2.2　电风扇控制器程序的开发与测试

通过该任务的完成，学生将了解家电控制器软件开发的完整过程，重点培养学生原理图分析、家电控制器驱动程序开发、控制器功能测试及完善等方面的能力，本任务职业能力培养概要如图 2-36 所示。

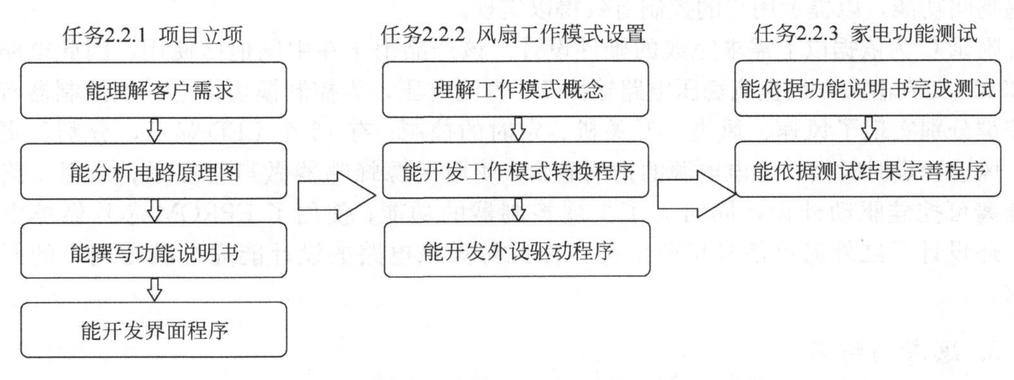

图 2-36　电风扇控制器软件开发任务职业能力培养概要

子任务 2.2.1　项目立项

任务目标

任务要求：根据客户提出的需求，分析项目可行性，完成电风扇控制器功能说明书，分析电风扇硬件设计是否能满足要求，完成总体程序设计及界面程序开发，需要具备如图 2-37 所示的能力。

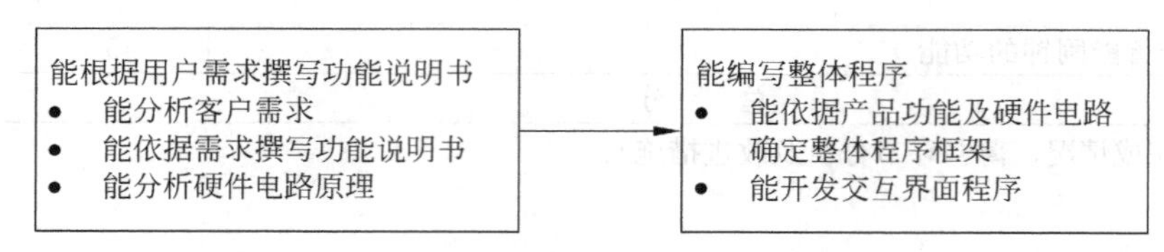

图 2-37　完成任务所需的能力

知识链接

电磁继电器驱动模块开发

可控硅驱动模块开发

1. 客户需求分析

实操练习 2： 某品牌电风扇需要开发新的产品，要求该产品在中国使用，具有 6 级调速功能，定时关机功能。具备自然风、普通风、睡眠风 1（最慢挡）和睡眠风 2（较慢挡）4 种风类控制功能，LED 显示和按键输入功能。请依据客户需求撰写控制器的功能说明书。

2. 电风扇原理图分析

控制器硬件是围绕需求开发而设计的，需满足用户提出的所有要求，如在以上实操练习中，客户提出了产品的功能包括按键、显示、六级风速控制、定时等，因此开发控制器应包含按键功能（可设风速、风类、开关机、定时按键等）、显示功能（风类、定时时间、风速指示显示）、电机控制电路等。尽管用户没有提出鸣叫功能，但一般电控器应当具备蜂鸣鸣叫功能，以提示用户的控制有效得以实现。

附录 C 为依据以上需求完成的硬件设计。该产品由于在中国地区使用，因此电路采用 220V 交流输入，经直流稳压电路输出 5V 直流电压，为控制模块供电。该控制器有四个按键分别实现了风速、风类、开关机、定时的控制；有 16 个 LED 显示，分别负责风类、风速、定时时间、上电电源的指示显示；使用无源蜂鸣器做声音提示；采用 5 路光耦隔离可控硅驱动外设，同时为了扩展控制器的功能；使用了 EPROM 芯片做掉电保护，还设计了红外遥控信号接收电路。由此可见该电路的设计能完全满足用户的开发需求。

3. 思考与练习

（1）分析附录 C 控制器电路，分析单片机的管脚功能，哪些管脚属于输入管脚，哪些管脚属于输出管脚？

(2) 分析风扇电机外设驱动电路，驱动外设工作时，单片机管脚应该输出何种电平？

(3) 分析风扇控制器按键电路，此按键电路属于直读键还是矩阵式按键？

(4) 分析风扇控制器显示电路，此显示电路属于静态驱动显示还是动态驱动显示？

任务实施

步骤 1：根据所写功能说明书，确定程序整体结构，完成主循环、显示、按键、蜂鸣器程序流程图。

步骤 2：依据流程图开发交互界面程序。

步骤 3：烧写程序并依据功能说明书修改程序。

步骤 4：完成表 2-17 所列任务自查表。

表 2-17　子任务 2.2.1 自查表

自 查 评 分		自评成绩
内　　容	总分	
1. 能解读客户需求并撰写功能说明书	30	
2. 能绘制主循环及显示、按键、蜂鸣函数流程图	30	
3. 能依据流程图开发交互界面程序	40	
总　　分		
任务小结（完成情况、薄弱环节分析及改进措施）：		
教师评价：		

子任务 2. 2. 2　电风扇控制器工作模式控制

任务目标

任务要求：开发四种风类、六挡风速的控制程序，需要具备如图 2-38 所示的能力。

能分析家电工作过程中涉及的工作模式
- 理解家电的工作原理
- 能确定家电的工作模式
- 能开发工作模式设置程序
- 能开发工作过程控制程序及外设驱动程序

图 2-38 完成任务所需的能力及学习顺序

知识链接

1. 家用电器工作模式简介

家用电器特别是白色家电在工作过程中，依据对产品的要求往往可以具备多种工作模式。如大部分的家电产品都可以实现待机和正常运行工作模式，在待机模式下，所有的外设不工作，但控制器仍旧在工作，程序在探测到按键或者遥控的开机信号后，进入正常工作模式。

除了待机、开机模式外，不同的家电产品又有各自产品的工作模式。如大多数的空调控制器有制冷、制热、送风、自动、抽湿等工作模式；对于电饭煲则有精煮、快煮、煲粥、再加热等不同的烹饪工作模式；酸奶机则有制酸奶、纳豆等工作模式。该任务中风扇则可以输出四种风类，形成了四种工作模式，再加上待机，可以认为该风扇具有五种工作模式。

在不同的工作模式下，又会有不同的工作过程。如对于空调，制冷模式下室温低于设温时压缩机工作，高于设温时压缩机停止工作。对于风扇来说，若设为普通分类，则通过风速切换可以设定六档风速工作，而睡眠模式下则固定在较低的风速档位工作，而对于自然风，则将会在几种档位的风速间来回切换。

因此家用电器外设控制程序的开发应当是先确认工作模式，再依据工作模式处理工作过程，最后根据工作过程的要求完成外设驱动。

2. 家用电器工作模式控制程序设计

家用电器工作模式控制程序主要包括两个方面，一是工作模式的设置，二是工作过程的控制。

（1）工作模式设置

家用电器工作模式是一个抽象的概念，具体到程序中一般是一个或者多个变量，是用来标记工作模式的代号。工作模式的设置与切换实际就是对变量的赋值，而不是处理单片机的外设端口输出设置。设置的程序，主要处理的是家电控制器究竟有几种工作模式，每种工作模式设定在什么条件下。工作模式一般通过按键、遥控进行设定，此时工作模式的设置应当在按键、遥控处理函数中完成，也有在定时处理函数中发生，如具备定时开、定时关等功能时，则工作模式将在相应的时间平台中依据定时条件进行设置。也有的工作模式是当上一种工作完成时，自动进入下一种工作模式，如煮饭时精煮工作结束则会进入保温模式，此时工作模式的设定将在工作过程控制程序中完成。

显示、按键、蜂鸣等函数则通过判断工作模式并对照功能说明书完成各自程序的开发。

（2）工作过程的控制

工作过程的控制则是依据当前所处的工作模式，按照工作内容的内在逻辑完成各个外设状态的设置，这样的程序将单独写成一个函数放在系统的主循环中。一般来讲，尽管家用电器有多种工作模式，每种工作模式又有不同的工作过程，但其处理的外设却是共用的。如电饭煲，无论是哪种工作模式，都是对加热盘进行控制，因此工作过程控制程序开发的目的是要确定当前外设的工作状态，若外设控制逻辑简单，则一般外设驱动程序将直接在工作过程控制函数的最后完成。当外设控制逻辑复杂时，还会开发专门的外设驱动程序。

3．产品实例：智能电饭锅工作模式与工作过程控制程序开发

现在，市场上的大多数微电脑控制式电饭锅均能实现精煮、快煮、煲粥等烹饪功能。功能的选择在按键处理程序中完成，在烹饪控制程序，按照选择的功能，执行相应的功能控制程序。电饭锅一般应当具备显示、按键、蜂鸣、读传感器等功能，如图 2-39 所示为一款智能电饭煲的主程序流程图。

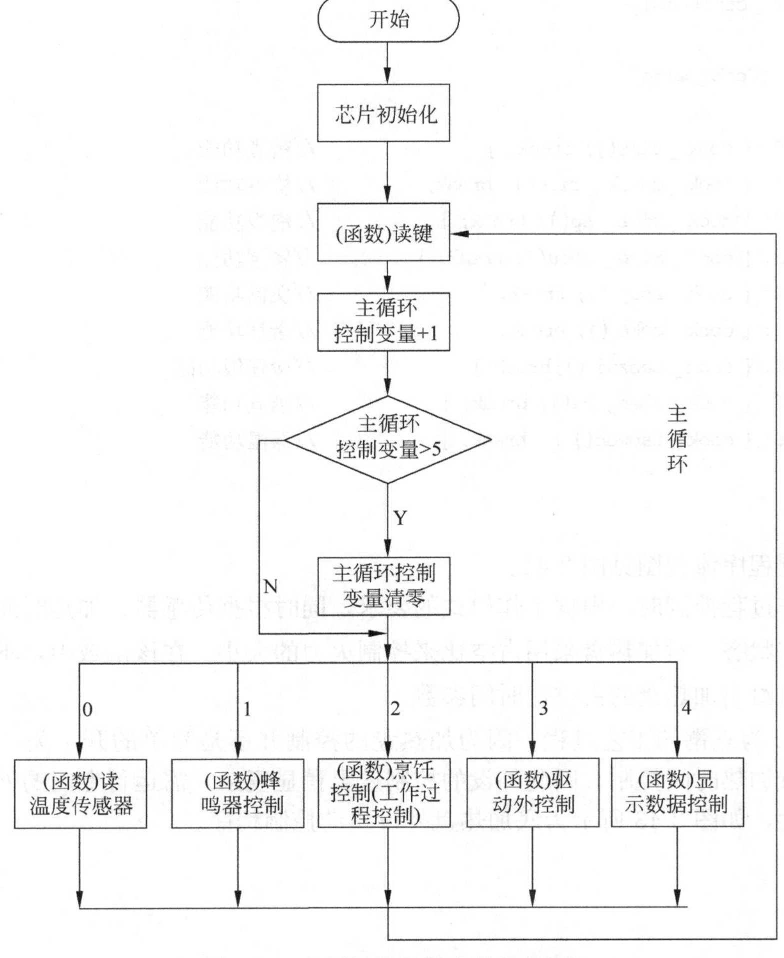

图 2-39　电饭煲控制器主程序流程图

若微电脑控制式电饭锅可以实现精煮、快煮、泡饭、煮粥、煲汤、蛋糕、煲仔饭、蒸煮、保温九项功能，程序可设工作模式变量 Cook _ Mode，并取值为 0～8，对应以上九种烹饪模式，默认情况下，电饭锅工作在精煮模式，即 Cook _ Mode 初始值为 0。

工作模式的切换在读键函数中完成，使用按键可以切换烹饪功能，功能键每按下一次，Cook _ mode 加 1，当 Cook _ mode 加到 9 时，Cook _ mode 清零，使得功能键可以在九种工作模式下切换，其流程见图 2-40。

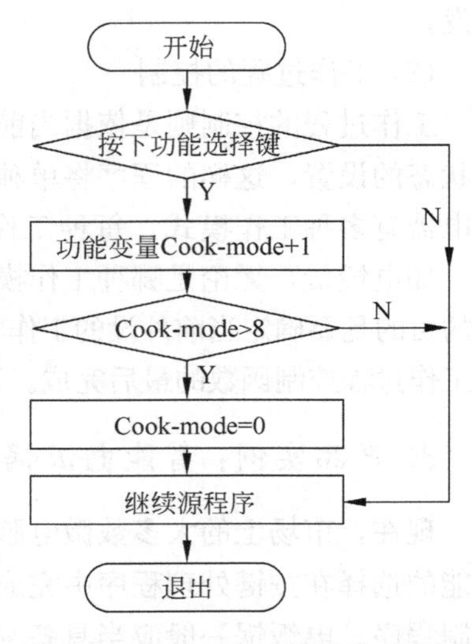

图 2-40　按键切换烹饪功能流程图

工作过程的控制，在烹饪控制（工作过程控制）程序（void（Cook _ ctrl（void））中完成，若电饭锅实现多个烹饪功能，则在该段程序就需要根据 Cook _ mode 的数值，进行程序的分支选择。

```
void  Cook _ ctrl(void)
{
  switch  (Cook _ mode)
 {
    case 0: { cook _ rice(); break; }              //精煮功能
    case 1: { cook _ quick _ rice(); break; }      //快煮功能
    case 2: { cook _ rice _ sp(); break; }         //泡饭功能
    case 3: { cook _ rice _ zhou(); break; }       //煲粥功能
    case 4: { cook _ soup (); break; }             //煲汤功能
    case 5: { cook _ cake (); break; }             //蛋糕功能
    case 6: { cook _ baozai ();break;}             //煲仔饭功能
    case 7: { cook _ zhengzhu(); break; }          //蒸煮功能
    case 8: { cook _ baowen() ;  break; }          //保温功能
  }
 }
```

烹饪控制程序流程图见图 2-41。

进行工作过程控制时，根据工作模式的要求，同时根据传感器、加热时间等信息确定加热盘的工作状态。对加热盘采用占空比来控制火力的大小。在该函数中，不直接对外设进行控制，只给出加热盘的占空比时间参数。

如图 2-42 为煮粥的工艺过程。因为加热盘的控制并不是简单的开、关，而是按照火力的大小进行加热时间控制，因此外设的控制逻辑稍显复杂，需运行专门的外设控制函数完成外设驱动，如图 2-43 所示为底加热盘外设驱动控制程序。

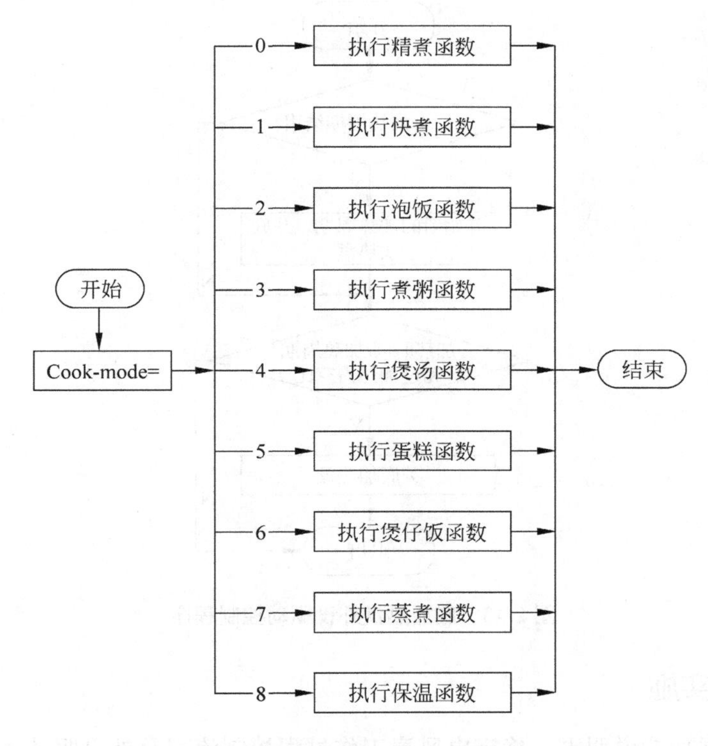

图 2-41　烹饪控制程序流程图

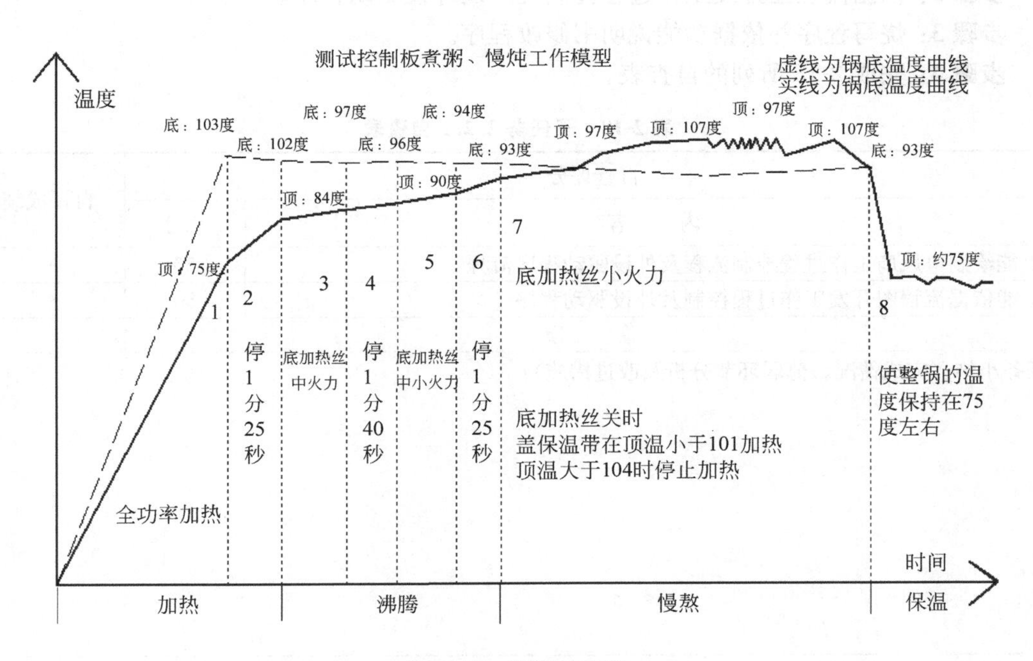

图 2-42　煮粥工艺图

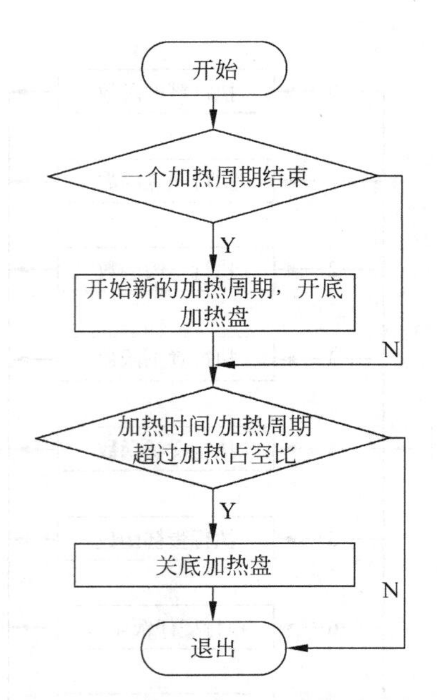

图 2-43　底加热盘外设驱动控制程序

任务实施

步骤 1： 根据功能说明书，确定电风扇工作过程控制流程及外设驱动程序流程。

步骤 2： 依据流程图开发工作过程控制程序及外设驱动程序。

步骤 3： 烧写程序并依据功能说明书修改程序。

步骤 4： 完成 2-18 所列的自查表。

表 2-18　子任务 2. 2. 2 自查表

自查评分		自评成绩
内　　容	总分	
1. 能绘制电风扇工作过程控制流程及外设驱动程序流程	50	
2. 能依据流程图开发工作过程控制及外设驱动程序	50	
总　　分		
任务小结（完成情况、薄弱环节分析及改进措施）：		
教师评价：		

子任务 2.2.3　完整程序开发、测试及项目验收

任务目标

任务要求：依据风扇控制器规格说明书完成完整程序开发，需要具备如图 2-44 所示的能力。

能进行简单家电控制器的完整程序开发与测试

- 能依据功能说明书完成测试
- 能依据测试结果完善程序

图 2-44　完成任务所需的能力

任务实施

步骤 1：按照完成的功能说明书开发完整程序。

步骤 2：测试并修改完整程序

步骤 3：完成表 2-19 所列的自查表

表 2-19　子任务 2.2.3 自查表

自查评分		自评成绩
内　　容	总分	
1. 能开发完整电风扇控制程序	40	
2. 能根据功能说明书测试并完善程序	60	
总　　分		
任务小结（完成情况、薄弱环节分析及改进措施）：		
教师评价：		

任务 2.3　智能小车

随着电子科技的迅猛发展，人们对技术提出了更高的要求。汽车的智能化在提高汽车的行驶安全性、操作性等方面都有巨大的优势，在某些场合下也能满足一些特殊的需要。智能小车系统涉及到自动控制、车辆工程、计算机等多个领域，是未来汽车智能化一个不可避免的大趋势。全国大学生电子设计竞赛大赛几乎每次都有智能小车方面的题目，各高校也都很重视该题目的研究，可见其研究意义重大。

智能小车，是一个集环境感知、规划决策、自动行驶等功能于一体的综合系统，它集中地运用了计算机、传感、信息、通信、导航及自动控制等技术，是典型的高新技术综合体。智能车辆也叫无人车辆，是一个集环境感知、规划决策和多等级辅助驾驶等功能于一体的综合系统。它具有道路障碍自动识别、自动报警、自动制动、自动保持安全距离、车速和巡航控制等功能。智能车辆的主要特点是在复杂的道路情况下，能自动地操纵和驾驶车辆绕开障碍物并沿着预定的道路（轨迹）行进。智能车辆在原有车辆系统的基础上增加了一些智能化技术设备。

通过构建智能小车系统，培养设计、实现自动控制系统的能力，如图 2-45 所示。在实践过程中，熟悉以单片机为核心控制芯片，设计小车的检测、驱动和显示等外围电路，采用智能控制算法实现小车的智能循迹。灵活应用机电等相关学科的理论知识，联系实际电路设计的具体实现方法，达到理论与实践的统一。在此过程中，加深对控制理论的理解和认识。

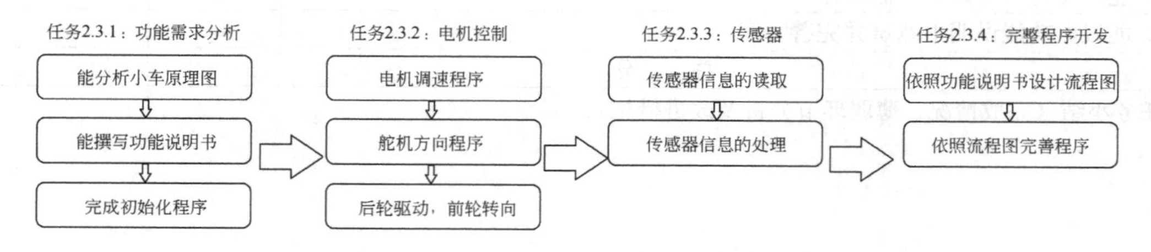

图 2-45　智能小车项目职业能力培养概要

子任务 2.3.1　功能需求分析

任务目标

任务要求：根据不同类型小车的具体硬件原理，提出功能需求并分析项目可行性，完成功能说明书，最后编写初始化程序和人机界面开发程序，需要具备如图 2-46 所示的能力。

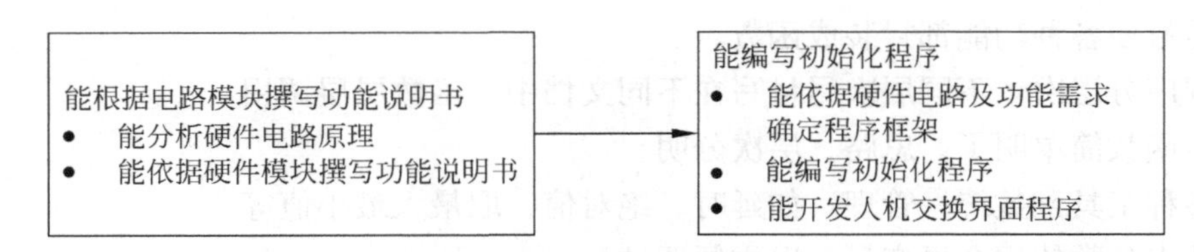

图 2-46　完成任务所需的能力及学习顺序

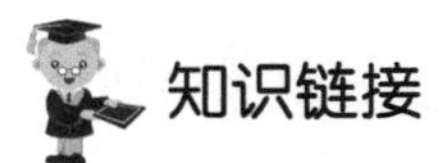

1. 智能小车概述

现智能小车发展很快，从智能玩具到其他各行业都有实质成果。其基本可实现循迹、避障、检测贴片、寻光入库、避崖等基本功能，最近的电子设计大赛智能小车又在向声控系统方向发展。比较出名的飞思卡尔智能小车更是走在前列，其自动循迹智能小车的种类大概有三种：光电式、摄像头式、电磁式。车模通过采集赛道上少数孤立点反射亮度进行路径检测的方式属于光电式；车模通过采集赛道图像（一维、二维）或者连续扫描赛道反射点的方式进行进行路径检测的属于摄像头式；车模通过感应由赛道中心电线产生的交变磁场进行路径检测的方式属于电磁式。

常见的智能小车底盘有四种：四轮式、三轮式、四驱式、履带式。四轮的智能小车可以左边两个电机并联，右面两个电机并联，也就是左边两个一组，右面两个一组。也有四轮的智能小车前两轮为舵机控制转向，后两轮驱动前进。具体运动与坦克相似，与履带式效果一样。然而四个电机电流消耗比较大，电压很快就会降低，但直线行驶效果好。而三轮的智能小车电流小，控制转弯相对灵活，但直线行驶效果不好。

智能小车的程序是控制的核心，要求算法能合理管理和配置硬件资源。图 2-47 为智能小车控制主流程图，包括行走控制及功能任务控制。

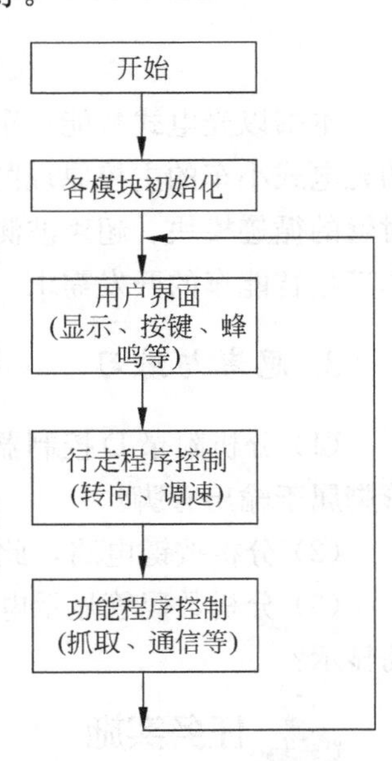

图 2-47　智能小车主流程

具体的编程步骤如下。

(1) 第一步：通过配置寄存器来编写单片机资源的底层程序。配置总线时钟频率，配置输出脉宽调制波（PWM）功能，配置定时中断功能，配置输入捕捉功能（脉冲累加器），配置基本输入输出端口的电平。

(2) 第二步：利用底层程序编写各种其他硬件的驱动程序。驱动电机、舵机（通过 PWM 波），驱动传感器发射和接收（通过 IO 端口和 PWM 波），驱动码盘测速装置并接收（通过输入捕捉功能）。

(3) 第三步：连接各种硬件，顺序完成巡线任务。

(4) 第四位：利用控制思想不断调试和优化程序。

另外，编程思路要清楚，代码要清晰，因此提出以下几点建议：

① 尽量使各种功能都封装成函数。

② 程序分层次，不同层次尽量写在不同文档中，函数层层调用。

③ 主函数简单明了，思路、层次分明。

④ 各种工具函数统一管理，如延时、绝对值、取最大最小值等。

⑤ 重点参数使用全局变量，以方便调试。

最后，程序要使用闭环 PID 控制方法。

① 电机调试 PID：以预设速度与实际检测速度的差值为偏差值。

② 摇头舵机 PID：以传感器偏离中心距离为偏差值。

③ 转向舵机 PID：以摇头舵机偏离中心的角度为偏差值。

2. 某款智能车整体模型分析

不同类型的智能车硬件有所不同，但基本功能大致一样，即循迹、避障、寻光入库等，因此都包含如图 2-48 所示的几个模块——信息采集、速度检测、舵机控制、电机控制等。

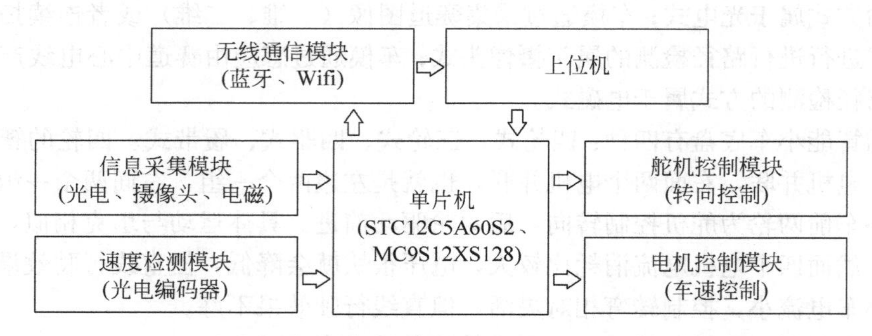

图 2-48 智能小车整体框图

本书以光电式智能小车为例，来讲解智能小车程序开发的方法。附录 D 所示为典型的光电式小车的主控原理图，可实现循迹和避障功能，包括电机驱动模块、红外发射接收对管的循迹模块、超声波测距的避障模块、转向舵机模块等。由此可见该电路的设计能基本满足智能车的开发需求。

3. 思考与练习

(1) 分析附录 D 控制器电路，分析单片机的管脚功能，哪些管脚属于输入管脚，哪些管脚属于输出管脚？

(2) 分析按键电路，此按键电路属于直读键还是矩阵式按键？

(3) 分析数码管显示电路，此显示电路属于共阳还是共阴？静态驱动显示还是动态驱动显示？

任务实施

步骤 1： 分析各管脚功能，依据附录 D 完成表 2-20。

表 2-20　端口功能表

端口		7	6	5	4	3	2	1	0
P0	功能								
	端口方向								
	初始化电平								
P1	功能								
	端口方向								
	初始化电平								
P2	功能								
	端口方向								
	初始化电平								
P3	功能								
	端口方向								
	初始化电平								
P4	功能								
	端口方向								
	初始化电平								

步骤 2：按照表 2-20 完成初始化程序，然后点亮 LED2、LED4、LED6、LED8，并响 0.5s 蜂鸣器。

步骤 3：根据所写功能说明书，确定程序整体结构，完成主循环、数码管显示、按键流程图。

步骤 4：依据流程图开发交互界面程序：按键与数码管显示。

步骤 5：完成表 2-21 所列的自查表。

表 2-21　子任务 2.3.1 自查表

自 查 评 分		自评成绩
内　容	总分	
1. 能解读客户需求并撰写功能说明书	30	
2. 能绘制主循环及显示、按键、蜂鸣函数流程图	30	
3. 能依据流程图开发交互界面程序	40	
总　分		
任务小结（完成情况、薄弱环节分析及改进措施）：		
教师评价：		

子任务 2.3.2　小车行走程序开发

任务目标

任务要求：确定两种类型小车（两轮、四轮）的调速和转向控制流程图，编写控制程序，需要具备如图 2-49 所示的能力。

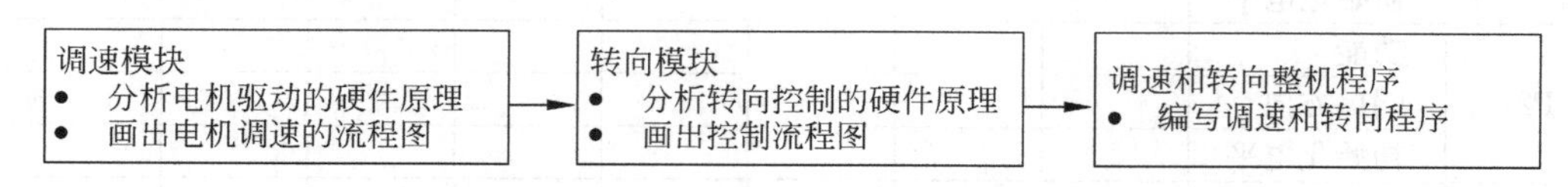

图 2-49　完成任务所需的能力及学习顺序

知识链接

直流电机驱动模块开发

1. 电机驱动与调速

对于智能小汽车来说，要实现识别路线、自动规避障碍、跟随物体走动等功能，往往需要对小车的速度和方向有所控制。可以说，速度和方向控制是智能小汽车最基本也是最为重要的一项功能，这项功能实现的效果，对小车能否向更深层次的研究和发展起着关键性的作用。

小车一般使用 6～24V 直流电机，常用的驱动有两种方式：一采用集成电机驱动芯片，二采用 MOSFET 和专用栅极驱动芯片。常用的集成芯片有飞思卡尔生产的 33886 芯片，或者 L298 芯片。其中 L298 内部可以看成两个 H 桥，可以同时驱动两路电机，而且它也是驱动步进电机的一个良选。集成驱动芯片的驱动电流较小（33886 最大电流 5A 持续工作，298 最大电流 2A），而 MOSFET 的 H 桥电路可达 40A 以上，能够满足大功率输出。如果小车经常加减速，这就需要电机不停地正反转，此时的电流很大，只能选择大功率 H 桥驱动电路。

电机常用的调速方法是脉宽调速（PWM）。这种方式有调速特性优良、调整平滑、调速范围广、过载能力大、能承受频繁的负载冲击等优点，还可以实现频繁的无级快速启动、制动和反转等。

PWM 对电机调速的原理是：电动机接通电源开始运行，当运行一定时间后，关断电动机，由于惯性，电动机的转速不会马上下降，而是有一个过程慢慢降下来；然后在某一时刻再次开通电动机，让它运行，然后再关断，如此周而复始。从微观上看（把时间间隔分得很小的时候），转速是不断上下波动的；但从宏观上看，平均转速随着开通、关断时间的变化而变化。当开通时间增加、关断时间减少时，转速上升，反之则速度下降。这样，只需调整导通时间的大小，就能实现对电机转速的改变，这种控制方法简单可靠。

2. 电机驱动程序设计

PWM 调速工作方式，即单片机控制口一端置低电平，另一端输出 PWM 信号，两口的输出切换和对 PWM 的占空比调节决定电动机的转向和转速。

调整脉宽的方式有 3 种：定频调宽、定宽调频和调宽调频。其中定频调宽方式比较常用，电动机在运转时比较稳定，并且采用单片机产生 PWM 脉冲的软件实现起来比较容易。

PWM 软件通常采用定时器作为脉宽控制的定时方式，这一方式产生的脉冲宽度极其精确，误差仅为几个微秒。图 2-50 为 PWM 调速控制流程图。

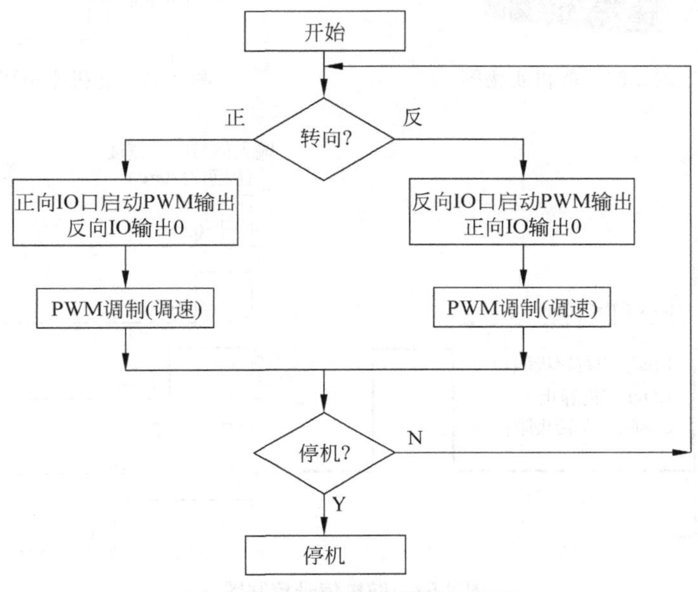

图 2-50　PWM 调速控制流程图

3. 转向控制原理

常用的转向控制方法有两种：差动变向、舵机变向。差动变向适合于三轮小车，前面一万向轮，后两轮各用一电机带动，利用左右电机的速度差来改变前进方向。而舵机变向适用于四轮小车，前面两轮舵机控制，后面两轮由同一直流电机带动。

舵机也叫伺服电机，最早用于船舶上实现转向功能，如图 2-51 所示，由于可以通过程序连续控制转角，因而被广泛应用于智能小车以实现转向以及机器人各类关节运动中。

舵机的控制信号是周期为 20ms 的脉宽调制（PWM）信号，其中脉冲宽度为 0.5～2.5ms，相对应的舵盘位置为 0～180°，呈线性变化。也就是说，给出一定的脉宽，舵机的输出轴就会保持在一定对应角度上，无论外界转矩怎么改变，直到给它提供一个另外宽度的脉冲信号，它才会改变输出角度到新的对应位置上，如图 2-52 所示。舵机内部有一个基准电路，产生周期为 20ms、宽度 1.5ms 的基准信号。此外有一个比出较器，将外加信号与基准信号相比较，判断出方向和大小，从而生产电机的转动信号，如图 2-53 所示。由此可见，舵机是一种位置伺服驱动器，转动范围不能超过 180°，适用于那些需要不断变化并可以保持的驱动器，比如说机器人的关节、飞机的舵面等。

图 2-51　舵机实物图

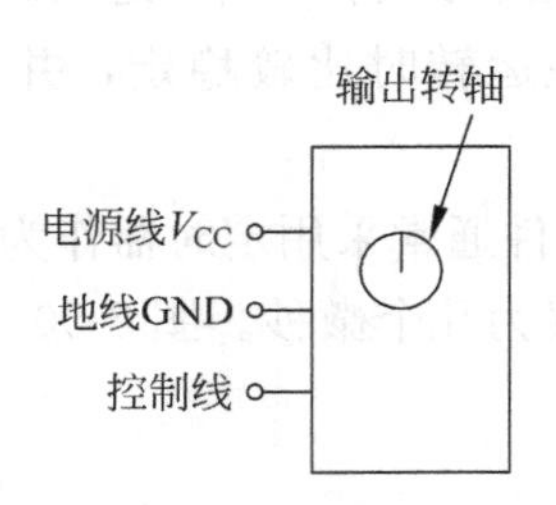

图 2-52　舵机原理图

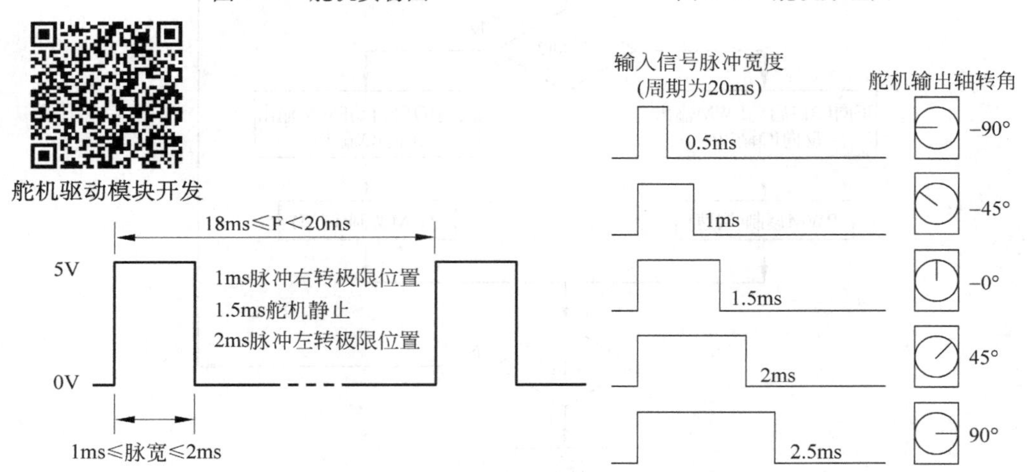

图 2-53　舵机信号控制图

4. 转向控制程序设计

根据上述的差速变向和舵机变向的工作原理，可分别画出两种转向控制的程序流程图，如图 2-54 和 2-55 所示。

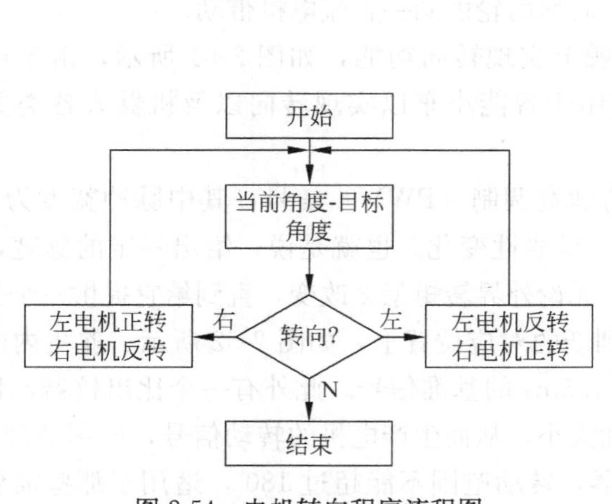

图 2-54　电机转向程序流程图

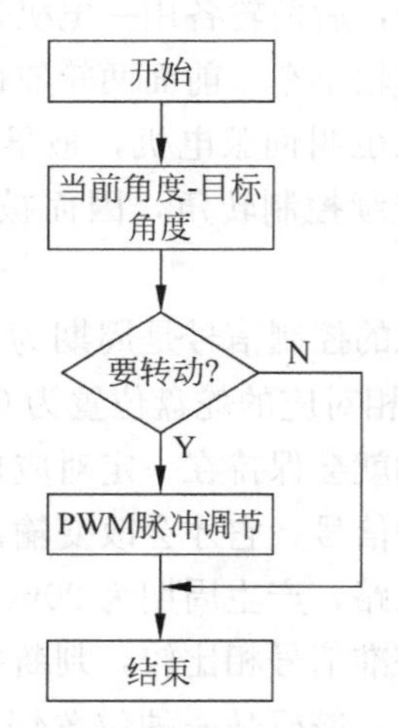

图 2-55　舵机转向程序流程图

5. 实例：三轮小车的调速与转向程序开发

附件 D 原理图应用于三轮小车，前轮为一个万向轮，后两轮各用一电机带动。电机驱动电路如图 2-56 所示，电机驱动芯片为 L9110S，当 IA 口为高电平、IB 口为低电平时，马达正转，反之反转。电机驱动芯片的两端不能同时为高电平。两个电机驱动芯片，4 个 I/O 口，不同电平组合情况对应小车不同的运行状态，详见表 2-22。

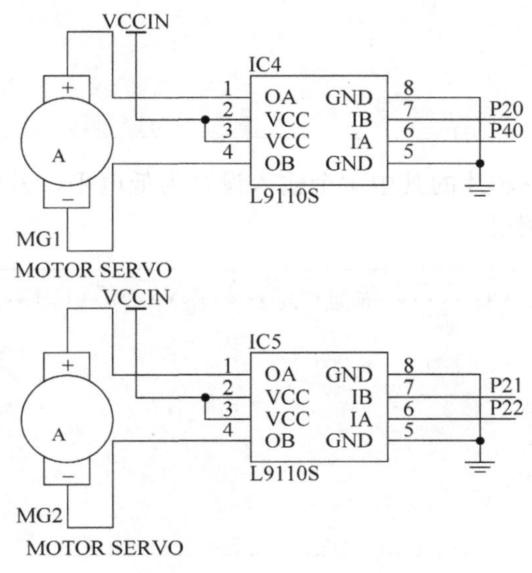

图 2-56　电机驱动电路

表 2-22　电机运转编码表

左电机芯片 IC4		右电机芯片 IC5		左电机	右电机	小车运行状态
P40	P20	P22	P21			
0	0	0	0	停	停	停
1	0	1	0	正转	正转	向前行
0	1	1	0	反转	正转	向左转
0	0	1	0	停	正转	左电机为中心原地向左转
1	0	0	1	正转	反转	向右转
1	0	0	0	正转	停	右电机为中心原地向右转
0	1	0	1	反转	反转	向后退

根据电机运转编码表，便可编写函数实现前进、后退、左转、右转、停车。

```
/**************************前进**************************/
void go(void)
{
    P40 = 1;
    P20 = 0;
    P22 = 1;
```

```
    P21 = 0;
}

/************************** 后退 **************************/
void back(void)
{
    P40 = 0;
    P20 = 1;
    P22 = 0;
    P21 = 1;
}
```

要实现调速，把驱动芯片的其中 1 个输入设置为低电平，另外一个设置为 PWM 输入。以下是调速前进的例程。

```
/************************** 前进调速 **************************/
void go(void)
{
    P40 = PWM;
    P20 = 0;
    P22 = PWM;
    P21 = 0;
}
```

任务实施

步骤 1： 完善三轮小车的转向程序和调速程序。

步骤 2： 编程实现四轮小车的转向流程图。

步骤 3： 编程实现四轮小车的调速流程图。

步骤 4： 完成表 2-23 所列的自查表。

表 2-23　子任务 2.3.2 自查表

自 查 评 分		自评成绩
内　　容	总分	
1. 能编写三轮小车的转向程序	20	
2. 能编写三轮小车的调速程序	20	
3. 能编写四轮小车的转向程序	30	
4. 能编写四轮小车的调速程序	30	
总　　分		
任务小结（完成情况、薄弱环节分析及改进措施）：		

续表

教师评价：

子任务 2.3.3　传感器信息采集与处理

任务目标

任务要求：能分析传感器的应用电路，完成传感器的信号采集与处理的程序，包括测速、识别黑线、测量障碍物距离等，需要具备图 2-57 所示的能力。

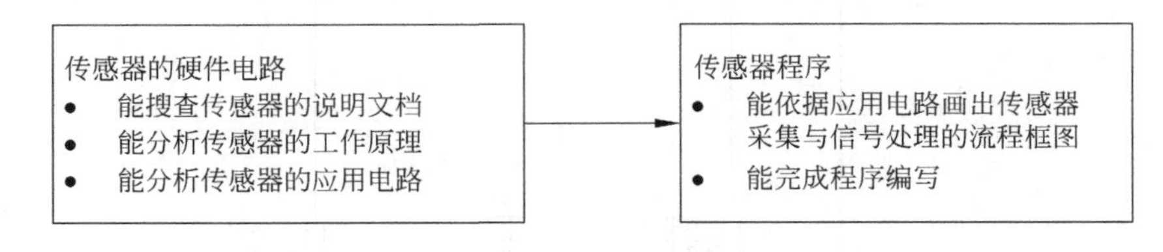

图 2-57　完成任务所需的能力及学习顺序

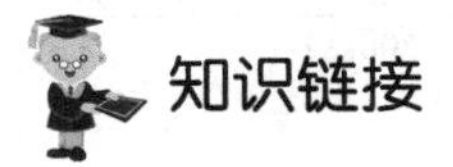

知识链接

1. 智能小车传感器信息处理概述

智能车辆的传感系统相当于人的感官系统。人对外界事物的感知，往往不是通过一个感觉器官获得的，而是通过各个感觉器官综合得到的。对于智能车辆，一个准确的外界信息和自身状态信息，往往也不是直接由一个单一的传感器获得，而是由多个相同或不同类型的传感器共同获得，这些传感器的信息往往是互补的。

传感器采集数据的过程是利用基础感知元件检测，由于感知元件不同，构成的传感器实现的功能也不相同。依据不同规则将采集的物理信号转换为电信号等其他形式传输给控制单元，从而实现信息的输入、存储、处理和显示等。这是智能控制的基础环节。

将智能小车做为硬件平台，增加一些传感器控制电路，便可无人工干涉、自主地按照需要的功能进行行驶和操作，常见的智能小车能实现的功能有位置检测、黑白循迹、测速、避障和灭火等。

为使智能小车能实现上述各种功能，有两个方面需要注意：一是如何选择传感器准确采集小车的各种相关信息，二是如何将采集到的信息经过单片机处理后转换成控制信息，以便于对小车进行正确的控制。实验表明，选用单一类型的传感器不能充分采集各种不同信息，要充分考虑被测量信息的性质选择适应的传感器。

智能车系统主要由一系列的硬件组成，包括组成车体的底盘、轮胎、舵机装置、马达装置、道路检测装置、测速装置和控制电路板等。智能汽车设计中涉及到的传感器主要有四种：光电式传感器、图像传感器、测速传感器和超声波传感器。

2. 光电式传感器

光电式传感器是利用光电器件把光信号转换成电信号的装置。光电式传感器工作时，先将被测量信息转换为光量的变化，然后通过光电器件再把光量的变化转换为相应的电量变化，从而实现非电量的测量。光电式传感器的结构简单，响应速度快，可靠性较高，能实现参数的非接触测量，因此广泛地应用于各种工业自动化仪表中。

光电传感器由红外线发射元件与光敏接收元件组成，分为遮断型和反射型两大类。它能够进行白线或者黑线的跟踪，可以检测白底中的黑线，也可以检测黑底中的白线。红外发射接收对管应用原理图。

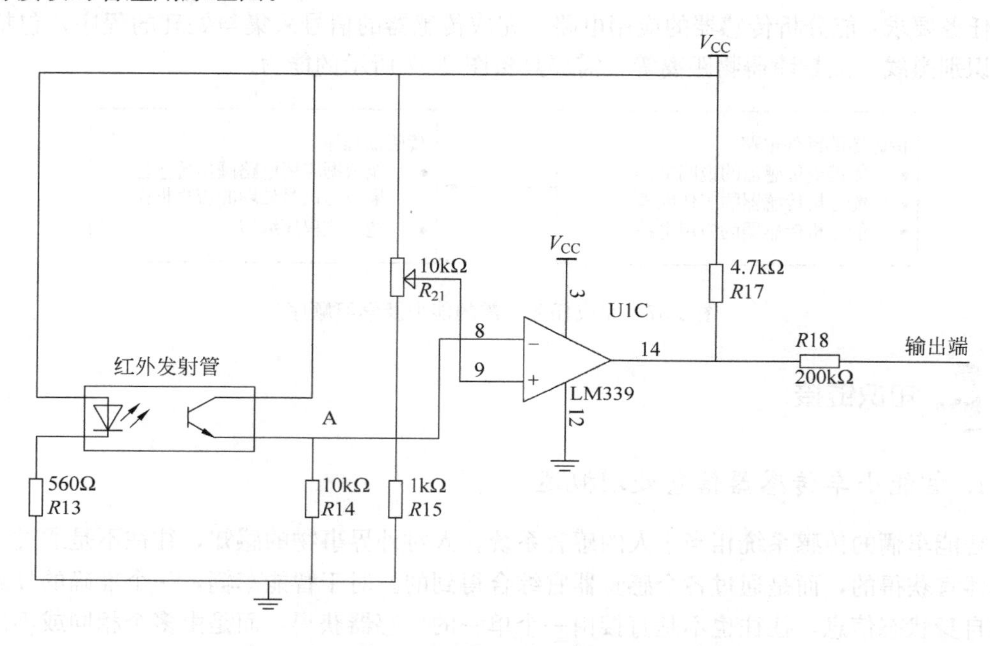

图 2-58 红外发射接收对管应用原理图

巡线传感器红外探头输出经过门电路整形，以保证提供稳定的 TTL 输出信号，使巡线更准确更稳定，工作原理如图 2-59 所示。该类传感器可任意选择多路组合，安装方便，是巡线机器人的必备传感器。

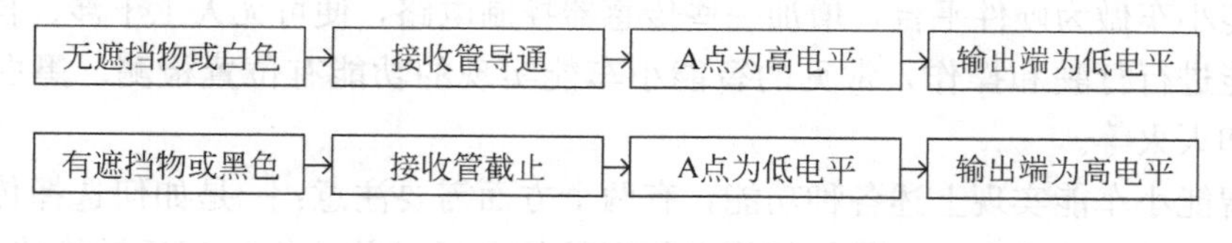

图 2-59 红外传感器工作原理框图

智能循迹小车能够沿着引导线自主前进，它是通过车体前部横向排列的 4 个光传感器检测黑色线条，发送信号到单片机。单片机对检测信号进行处理，并控制电机校正偏移量，从而实现巡线行走。

图 2-60 解释了智能循迹小车的工作原理。如果前部的两个传感器都检测到黑色线条，传感器将发出“有线”信号，则后轮的两台电机继续接通运转，驱动车体前行；但如果左右传感器中的任意一个检测到黑色线条，则此传感器输出信号，这时，该侧的驱动电机继续运行，另一侧的电机停止运行，以此达到校正方向的目的。

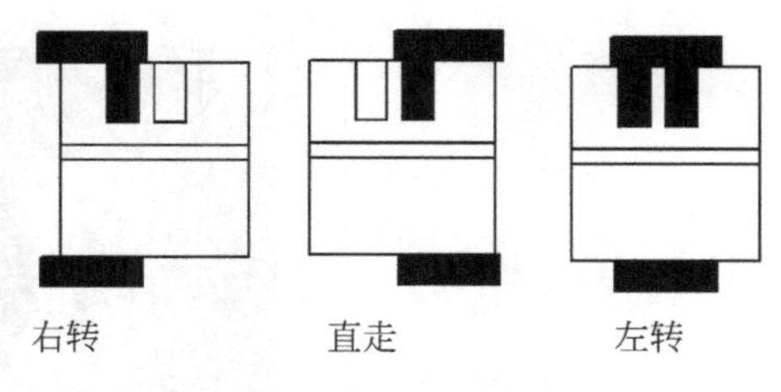

图 2-60　光电检测原理图

3. 图像传感器

图像传感器在智能小车设计中非常常见。智能小车路径识别模块中摄像头的重要组成部分就是图像传感器。图像传感器又称为成像器件或摄像器件，可实现可见光、紫外线、X 射线、近红外光等的探测，是现代视觉信息获取的一种基础器件。

摄像头常分为彩色和黑白两种摄像头，主要工作原理是：按一定的分辨率，以隔行扫描的方式采样图像上的点，当扫描到某点时，就通过图像传感芯片将该点处图像的灰度转换成与灰度成一一对应的电压值，然后将此电压值通过视频信号端输出。通过摄像头采集的道路信息送入单片机处理，通过算法提取出赛道黑线中心，识别弯道、窄道、坡道、起跑线等信息。

4. 测速传感器

在智能小车设计中，测速传感器的设计中主要采用两种类型传感器：霍尔传感器和光电式脉冲编码器。

霍尔传感器是基于霍尔效应原理，将电流、磁场、位移、压力、压差转速等测量信息转换成电动势输出的一种传感器。

光电式脉冲编码器可将机械位移、转角或速度变化转换成电脉冲输出，是精密数控机床采用的检测传感器。光电编码器的最大特点是非接触式，此外还具有精度高、响应快、可靠性高等特点。光电编码器采用光电方法，将转角和位移转换为各种代码形式的数字脉冲，读取数字脉冲的时间信号即可完成测速。

5. 超声波传感器

探测障碍的最简单方法是使用超声波传感器，它是利用向目标发射超声波脉冲，计算其往返时间来判定距离的。其算法简单，价格合理。

超声波测距原理：利用单片机输出一个 40kHz 的触发信号，把触发信号通过 TRIG 管脚输入到超声波测距模块，超声波测距模声图如图 2-61 所示。再由超声波测距模块的发射器向某一方向发射超声波，在发射时刻的同时单片机通过软件开始计时，超声波在空气中传播，途中碰到障碍物返回，超声波测距模块的接收器收到反射波后通过产生一个回应信号并通过 ECHO 脚反馈给单片机，此时单片机就立即停止计时。超声波时序图如图 2-62 所示。由于超声波在空气中的传播速度为 340m/s，根据计时器记录的时间 t，即可计算出发射点距障碍物的距离，即 $s=vt/2$，通过单片机计算出距离。

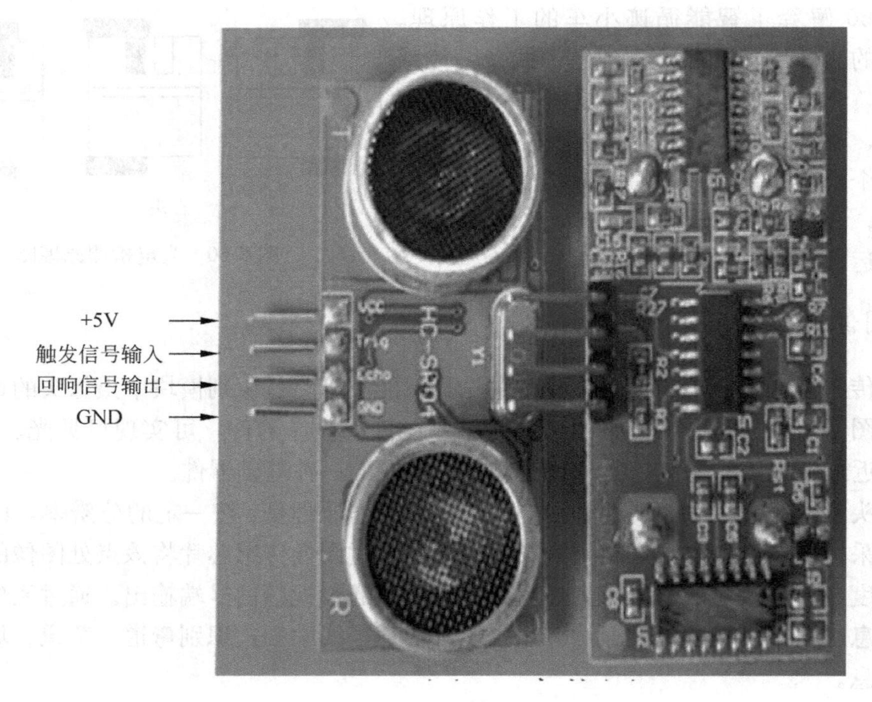

图 2-61 超声波测距模块图

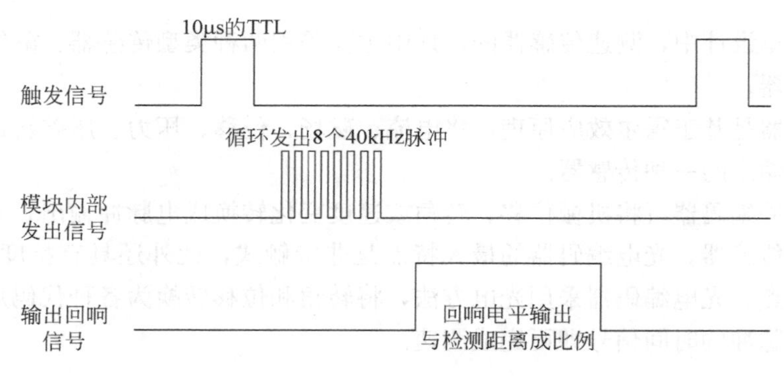

图 2-62 超声波时序图

6. 实例：光电传感器循迹程序开发

附录D原理图配有光电传感器，可实现避障循迹行走，其应具有按键启动、前进、左拐、右拐、刹车、终点自动停车和速度调节等功能，能根据图 2-63 所提供的路线进行循迹。

如图 2-64 所示，小车进入循迹模式后，即开始不停地扫描与探测器连接的单片机I/O口，一旦检测到某个I/O口有信号，即进入判断处理程序。先确定 4 个探测器中的哪一个探测到了黑线，如果左面第一级传感器或者左面第二级传感器探测到黑线，即小车左半部分压到黑线，车身向右偏出，此时应使小车向左转；如果是右面第一级传感器或右面第二级传感器探测到了黑线，即车身右半部压住黑线，小车向左偏出了轨迹，则应使小车向右转。在经过了方向调整后，小车再继续向前行走，并继续探测黑线重复上述动作。

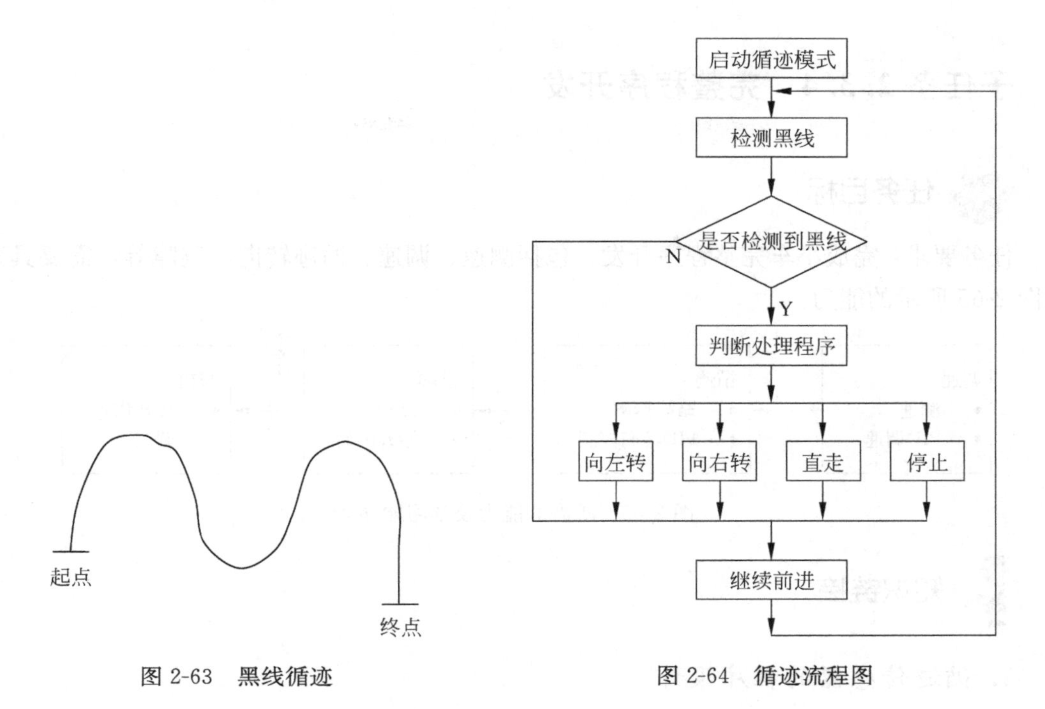

图 2-63　黑线循迹　　　图 2-64　循迹流程图

任务实施

步骤 1：根据上述循迹流程图，编写循迹程序。

步骤 2：根据附录 D 的原理图，画出超声波测距及避障功能的程序流程图。

步骤 3：编写超声波避障功能的程序。

步骤 4：完成表 2-24 所列的自查表。

表 2-24　子任务 2.3.3 自查表

自 查 评 分		自评成绩
内　容	总分	
1. 能编写循迹程序	30	
2. 能画出避障流程图	30	
3. 能编写避障程序	40	
总　分		
任务小结（完成情况、薄弱环节分析及改进措施）：		
教师评价：		

子任务 2.3.4 完整程序开发

任务目标

任务要求：完成小车完整程序开发，包括测速、调速、循迹转向、避障等，需要具备如图 2-65 所示的能力。

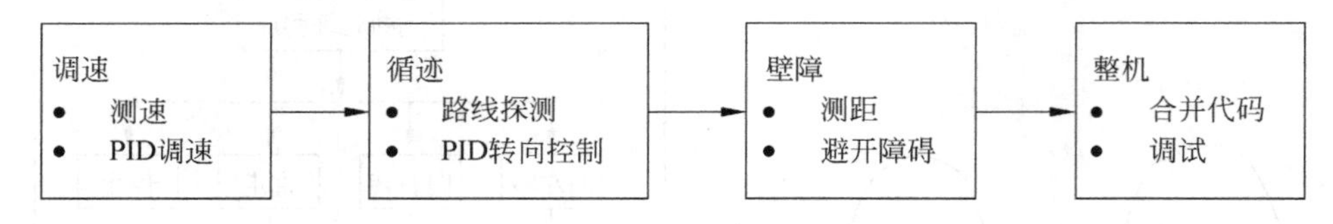

图 2-65 所需的能力及学习顺序

知识链接

1. 循迹传感器的程序设计

系统程序主要由传感器检测、电机控制处理主程序及表示检测结果的子程序组成，程序流程框图 2-66 所示。

2. 超声波避障程序设计

系统程序由超声波测距和电机控制处理主程序组成，超声波避障流程框图 2-67 所示。

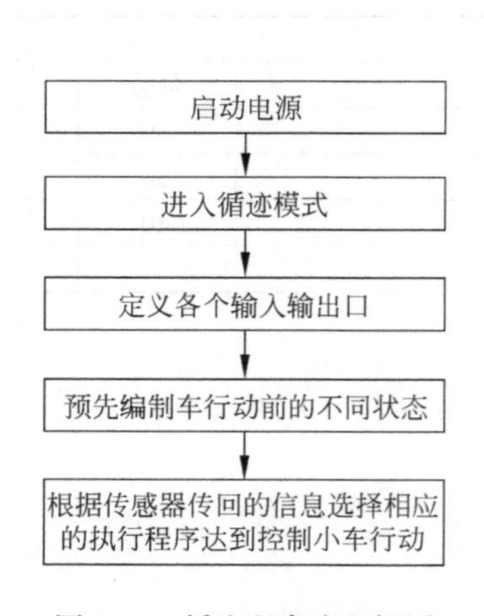

图 2-66 循迹程序流程框图

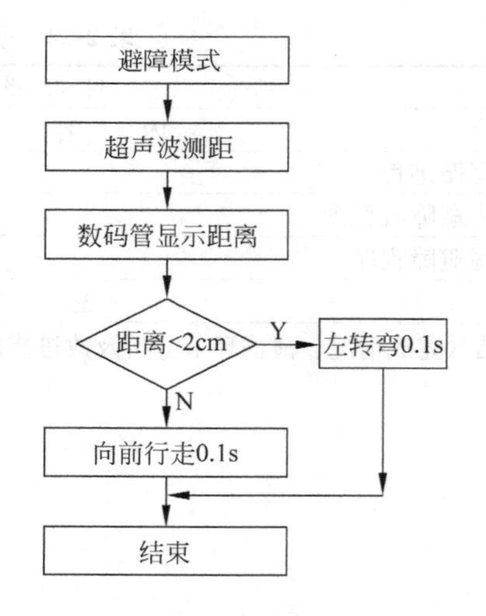

图 2-67 超声波避障流程框图

小车行走功能包括循迹、避障等，另外还要编写用户交互程序，用按键和数码管实现。图 2-68 为整机流程图。

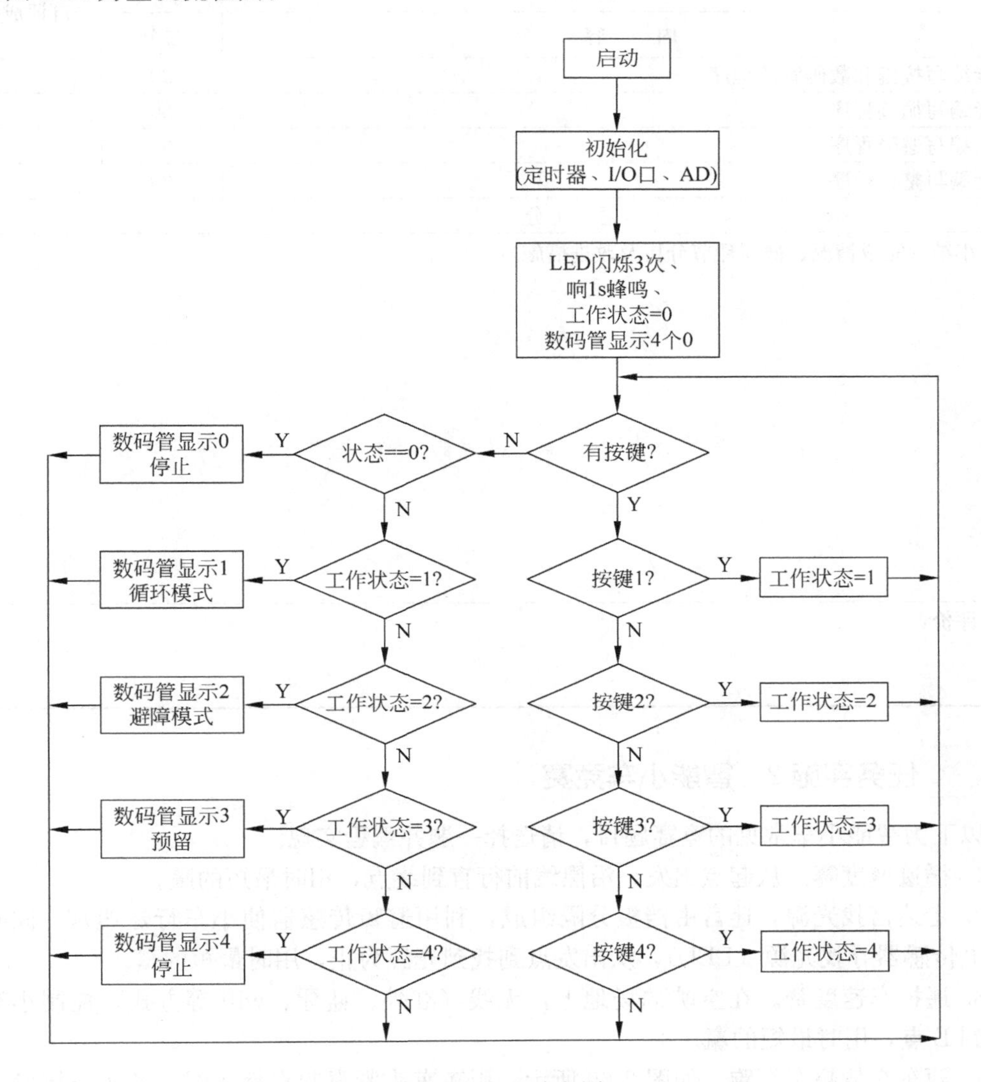

图 2-68　整机流程图

 任务实施 1　完成循迹、避障的智能小车

步骤 1： 以附录 D 原理图对应的小车为例，编写其按键和数码管的程序。有按键声（响 0.5s 蜂鸣），数码管显示按键号（1～4）。

步骤 2： 按键 1，启动循迹程序，重启电源方能退出。

步骤 3： 编写避障程序，并加到按键 2 中。

步骤 4： 完成表 2-25 所列的自查表。

表 2-25 子任务 2.3.4 自查表

<table>
<tr><td colspan="2">自查评分</td><td rowspan="2">自评成绩</td></tr>
<tr><td>内　　容</td><td>总分</td></tr>
<tr><td>1. 能编写按键和数码管的程序</td><td>20</td><td></td></tr>
<tr><td>2. 能编写循迹程序</td><td>30</td><td></td></tr>
<tr><td>3. 能编写避障程序</td><td>30</td><td></td></tr>
<tr><td>4. 能编写整机程序</td><td>20</td><td></td></tr>
<tr><td colspan="2">总　　分</td><td></td></tr>
<tr><td colspan="3">任务小结（完成情况、薄弱环节分析及改进措施）：</td></tr>
<tr><td colspan="3">教师评价：</td></tr>
</table>

任务实施 2　智能小车竞赛

以下为智能小车常见的竞赛题目，请选择一题并编程实现。

1. 循迹速度赛。从起点出发，沿黑线前行直到终点，用时最短的赢。

2. 走迷宫找光源。迷宫由挡板分隔组成，利用避障传感器使小车行走迷宫，同时利用光电传感器寻找光源（LED），从出发点到找到光源为止，用时最短的赢。

3. 遥控车速度赛。在空旷的场地上，无线（红外、蓝牙、wifi 等方式）控制小车从 A 点到 B 点，用时最短的赢。

4. 两车交替超车领跑。如图 2-69 所示，甲车车头紧靠起点标志线，乙车车尾紧靠边界，甲、乙两辆小车同时起动，先后通过起点标志线，在行车道同向而行，实现两车交替超车领跑功能。具体要求：

（1）甲车和乙车分别从起点标志线开始，在行车道各正常行驶一圈。

（2）甲、乙两车按图 2-69 所示位置同时起动，乙车通过超车标志线后在超车区内实现超车功能，并先于甲车到达终点标志线，即第一圈实现乙车超过甲车。

（3）甲、乙两车在完成（2）时的行驶时间要尽可能的短。

5. 智能车跷跷板。设计并制作一个电动车跷跷板，要求跷跷板起始端一侧装有可移动的配重物体，配重物体位置可调范围不小于 400mm。电动车从起始端出发，按要求自动在跷跷板上行驶。电动车跷跷板起始状态和平衡状态示意图分别如图 2-70 和 2-71 所示。

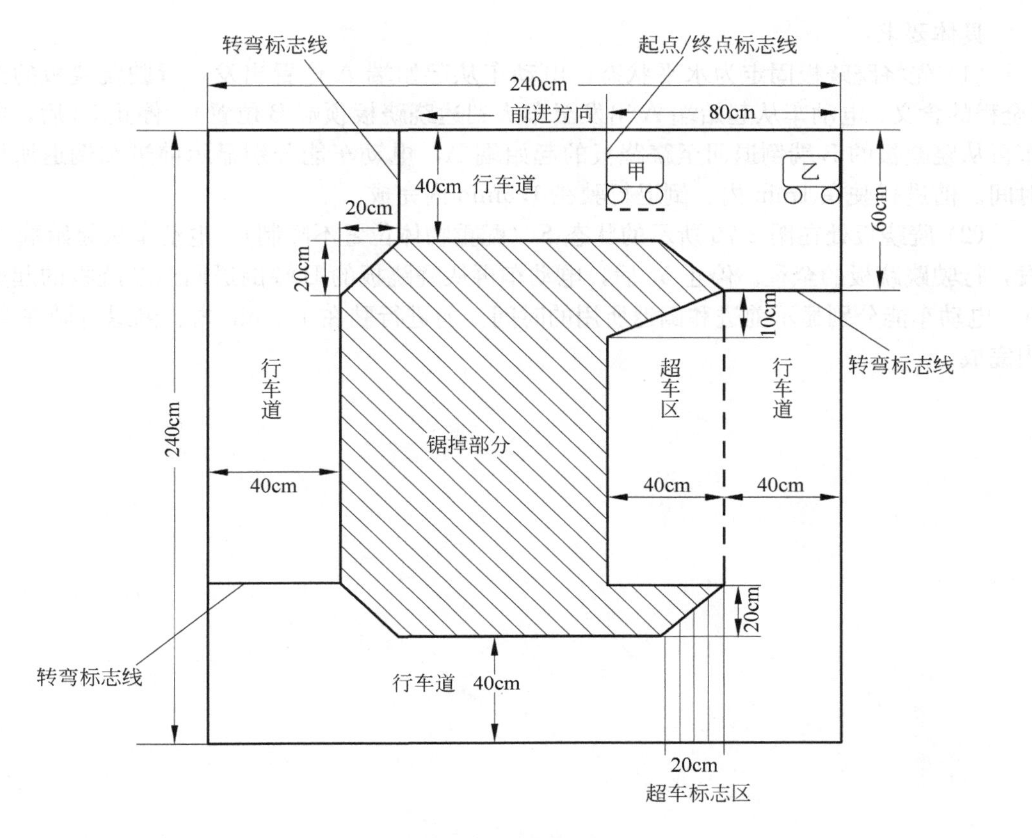

图 2-69　赛道图

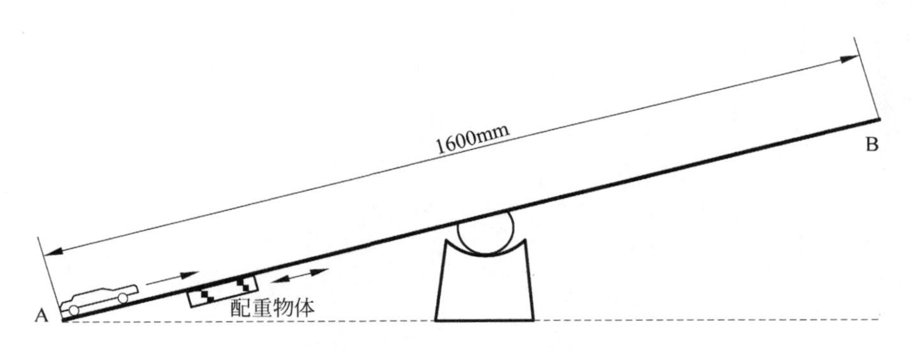

图 2-70　起始状态示意图

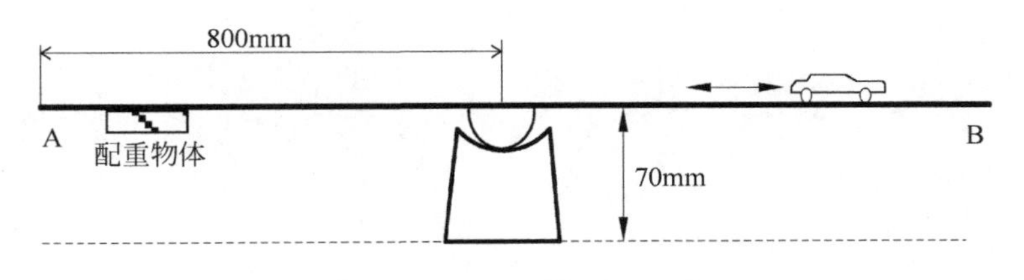

图 2-71　平衡状态示意图

具体要求：

（1）先将跷跷板固定为水平状态，电动车从起始端 A 位置出发，行驶跷跷板的全程（全程的含义：电动车从起始端 A 出发至车头到达跷跷板顶端 B 位置）。停止 5s 后，电动车再从跷跷板的 B 端倒退回至跷跷板的起始端 A，电动车能分别显示前进和倒退所用的时间。前进行驶在 1min 内、倒退行驶在 1.5min 内完成。

（2）跷跷板处在图 2-70 所示的状态下（配重物体位置不限制），电动车从起始端 A 出发，行驶跷跷板的全程。停止 5s 后，电动车再从跷跷板的 B 端倒退回至跷跷板的起始端 A，电动车能分别显示前进和倒退所用的时间。前进行驶在 1.5min 内、倒退行驶在 2min 内完成。

附录 A

连线检测器原理图

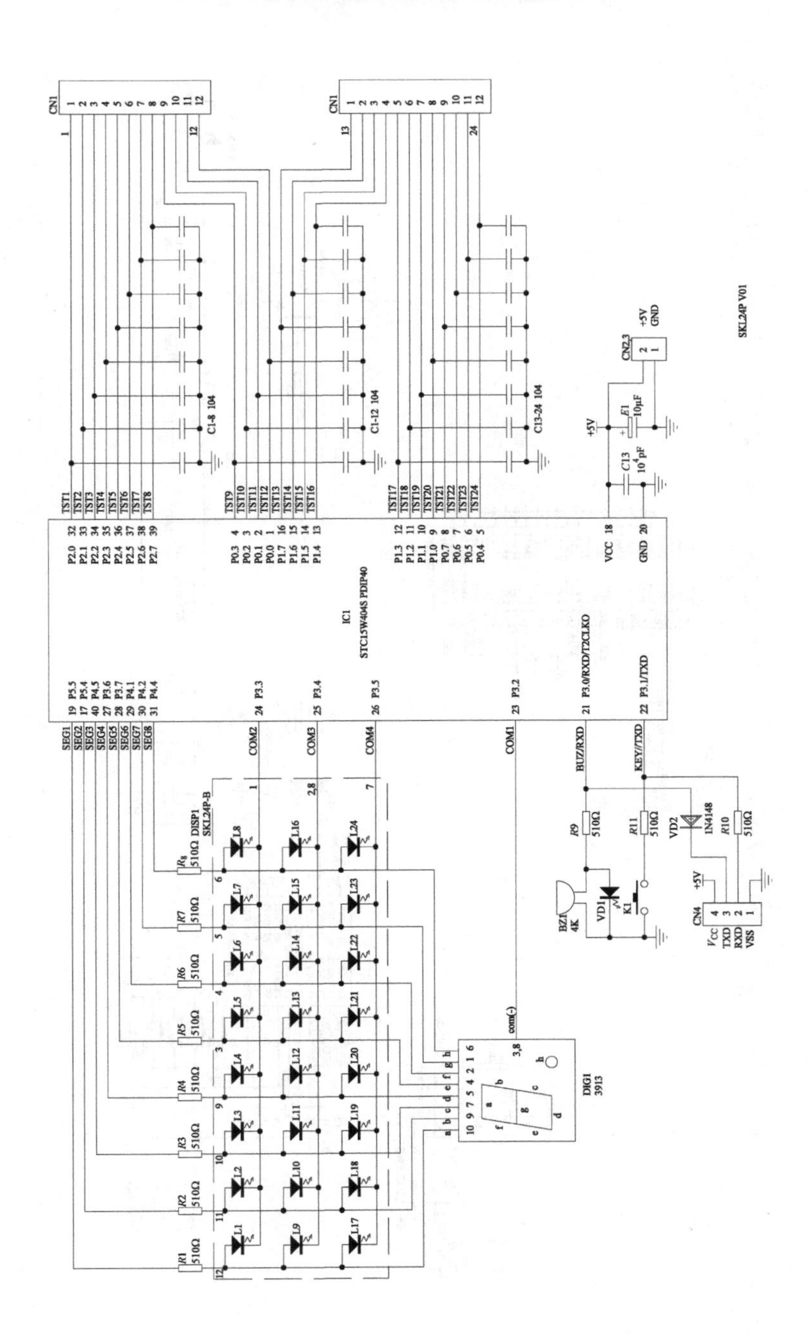

附录 B

电子智能闹钟系统原理图

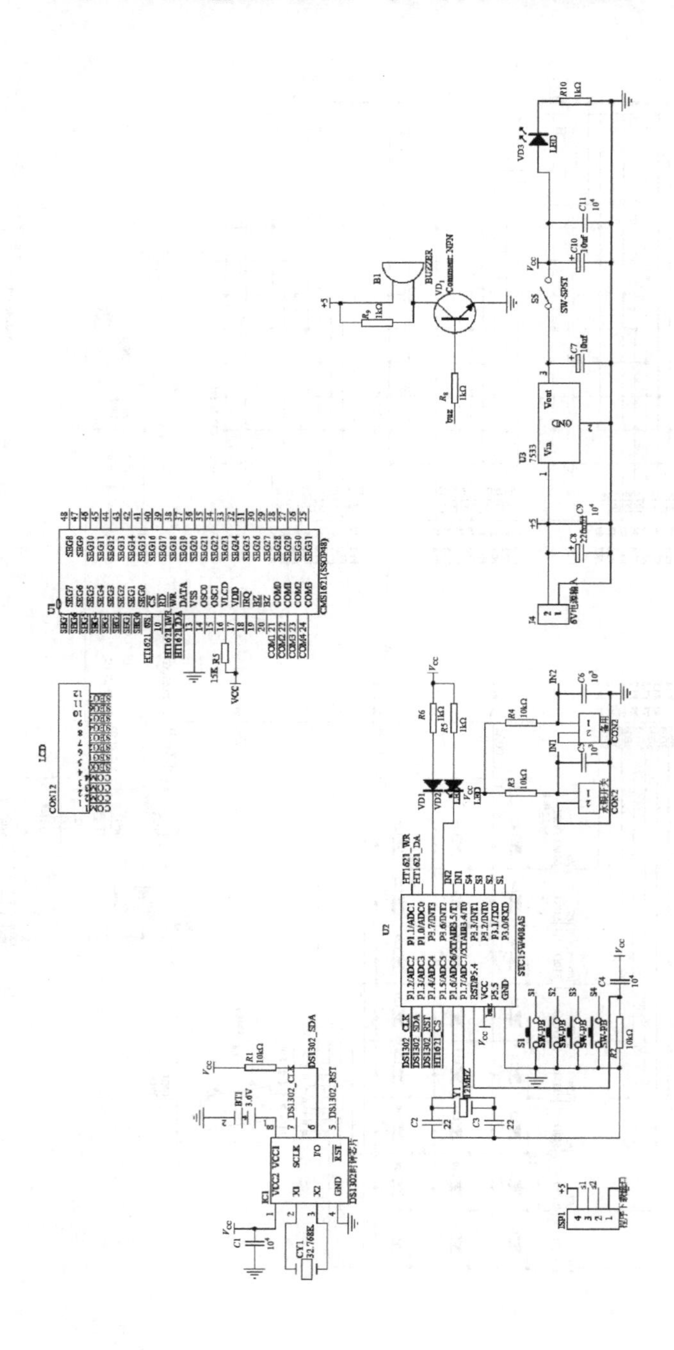

附录 C

电风扇控制器原理图

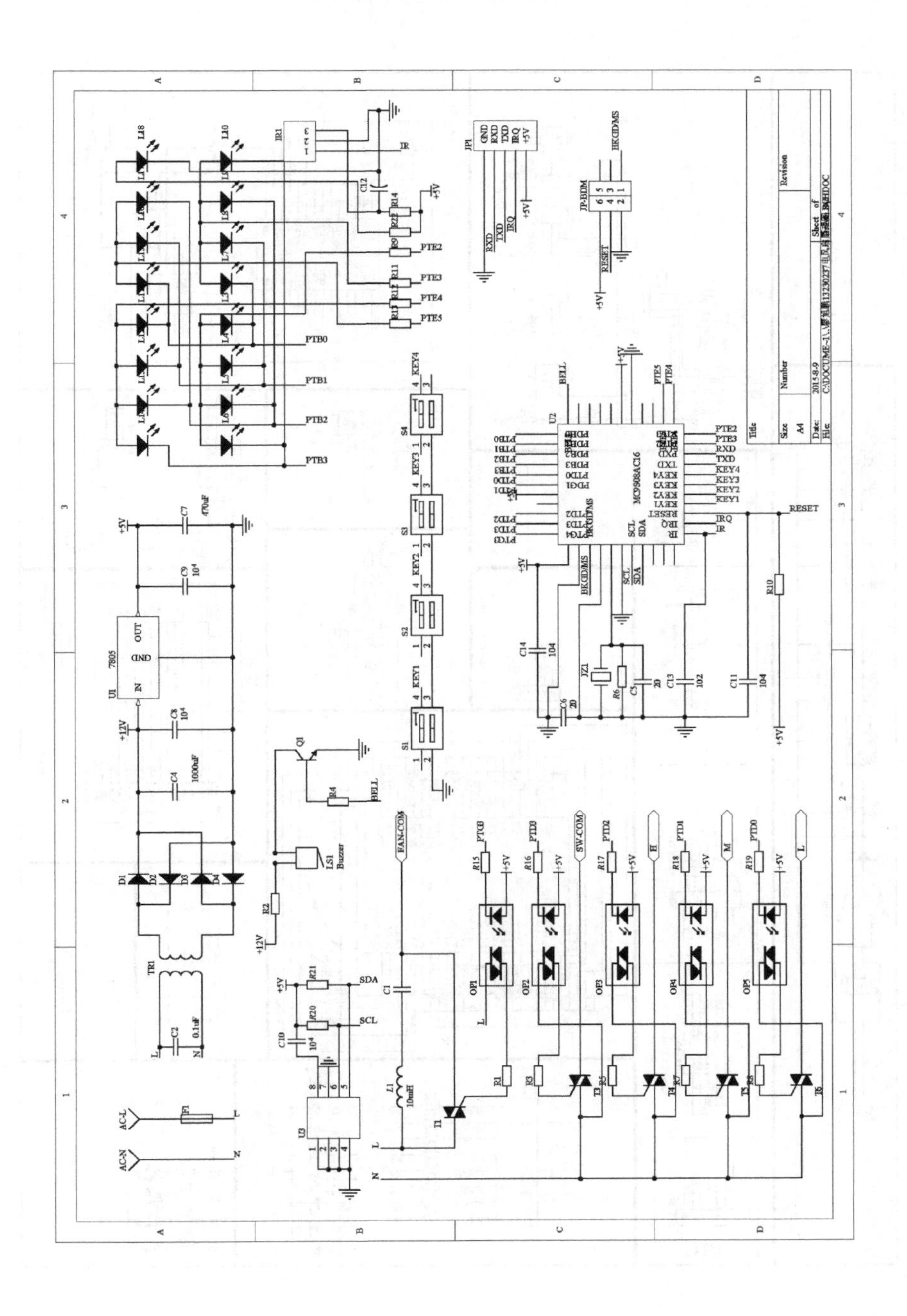

附录 D

智能小车原理图

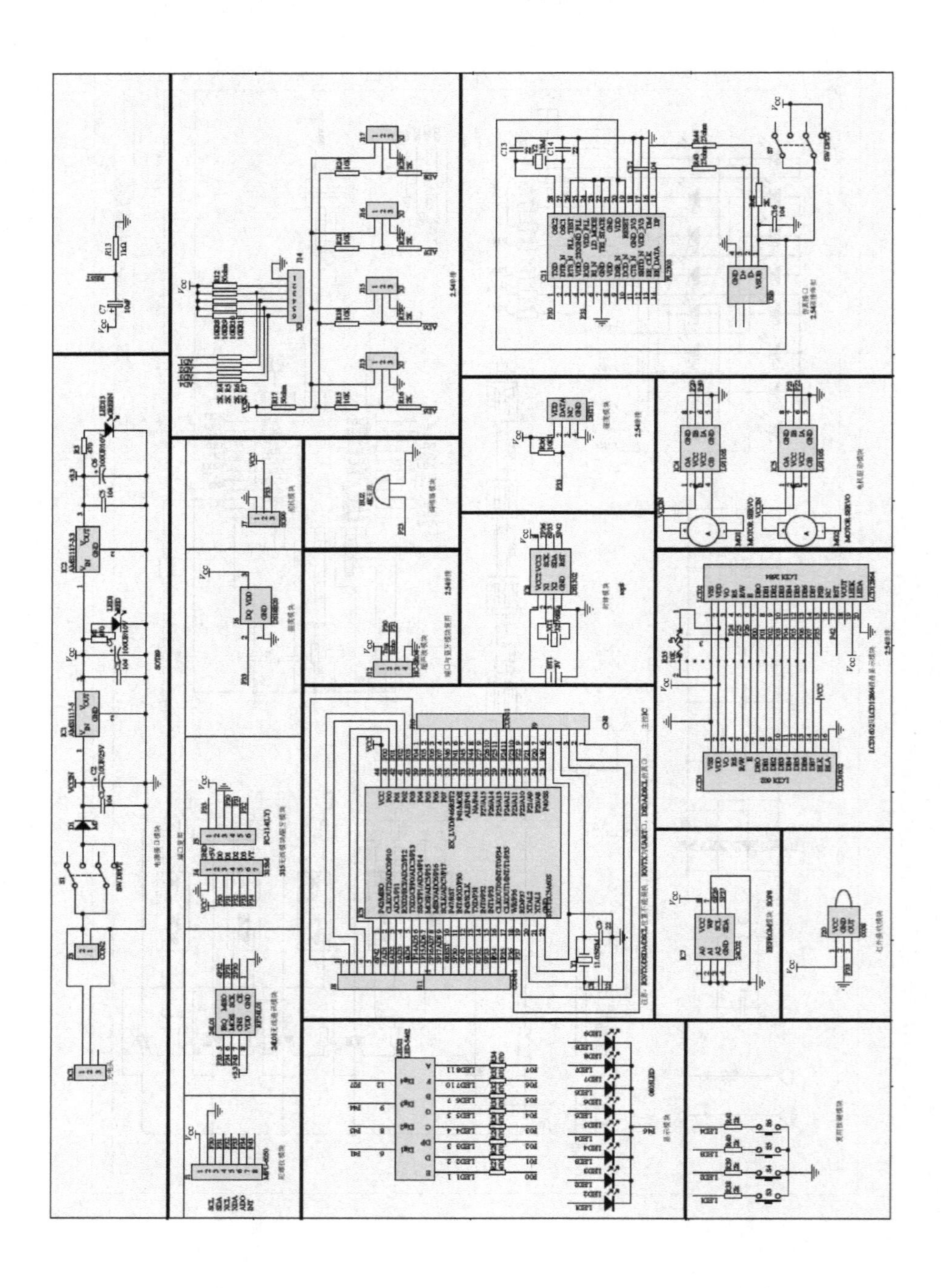

参 考 文 献

[1] Stadtmiller D J，施惠琼．电子学：项目设计与管理［M］．北京：清华大学出版社，2007.
[2] 刘坤，宋弋，赵红波等，51 单片机 C 语言应用开发技术大全［M］．北京：人民邮电出版社，2008.